U0182167

面食大观

"中国美食之源"丛书

周莉芬/主编

中国科学技术出版社
·北京·

科影发现

中央新影集团下属优质科普读物出版品牌，致力于科学人文内容的纪录和传播。团队主创人员由资深纪录片人、出版人、文化学者、专业插画师等组成。团队与电子工业出版社、清华大学出版社、机械工业出版社、中国科学技术出版社等国内多家出版社合作，先后策划、制作、出版了《我们的身体超厉害》《不可思议的人体大探秘：手术两百年》《门捷列夫很忙：给孩子的化学启蒙》《小也无穷大》《中国手作》《文明的邂逅》等多部优质图书。

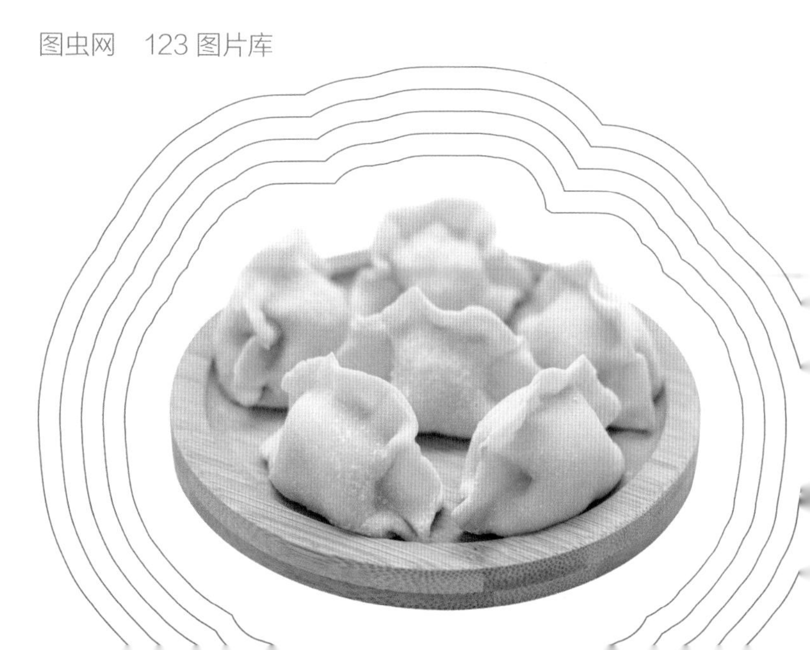

我国自古以来种植的谷物中，小麦无疑是最特殊的存在。

它是一种源自西亚的作物，历经种种波折，终于来到了中国。此后，千锤百炼的磨砺，让它在中国人的餐桌上赢得了一席之地。

随着时间发展，它在餐桌上大放异彩，面条、馒头、烧饼、点心……种种形态，或质朴，或精致。它以多变的形态为人们提供了生存的能量，也为人们带来了无限的希望与可能。

这种外来的作物是如何成为我们的主食的？这些食物身后又有着怎样的故事呢？

一片麦香，挥洒而过。

小麦与华夏文明的结合，带给我们无限的遐想与思考。

目录

面

麦风华夏
万年长

自古以来，在华夏的土地上人们播种种子、挥洒汗水，收获的不止食物，还有未来的希望。国家被称为社稷，土地和谷物是这片土地上最伟大的根基。

人们种植最多的五种粮食谷物被称为五谷。这五种谷物分别是稻、黍、稷、麦、豆，也就是现在的水稻、糜子、谷子、小麦和大豆。当然，五谷还有另外一种版本，这里说的是粮食版本。

其中，小麦这种外来的作物为什么能在中国餐桌上占据如此重要的一席之地？在数千年的时光中，从被人轻视的外来户到如今坐上北方地区主食作物的头号交椅，小麦究竟在华夏土地上有着怎样的传奇？

最早的小麦遗存

小麦很早就出现在我国种植作物的名单上了，但比起五谷中的其他谷类，小麦的出现则显得有些姗姗来迟。

2020 年，新疆维吾尔自治区阿勒泰地区吉木乃县托斯特乡阔依塔斯村东北的一处洞穴中，考古队员正小心翼翼地对洞穴中的土样进行浮选。这个洞穴名为通天洞，2014 年，一个偶然的机会下，文物工作人员发现通天洞中存在古人类生活居住的遗址。此后，2016—2020 年这五年间，通天洞共经历了 5 次联合考古。在 2020 年的这次探索中，考古人员发现了一粒粒碳化植物的颗粒。

考古队员随即对这些颗粒进行了进一步研究，发现这些颗粒不仅有糜子、青稞，还有小麦。通过测定，这里出土的小麦距今大约有 5000 年历史，这是我国境内可证实的最早的小麦遗存。

新疆麦田风光

中原地区出土的小麦

相比于西部地区，我国中原地区小麦的出现则稍有些晚。2008 年，科考队员于河南省博爱县西金城遗址发现了小麦遗存。该小麦遗存距今有 4000 多年历史，相对于通天洞的小麦，时间要晚了不少。随着考古工作的进一步发展，如今我国出土的诸多小麦遗迹从西向东分布着，一条东进的时间线越来越明显。

科学家由此认定，小麦起源于西亚。5000 多年前游牧民族逐水草而居，一路向东寻找更多的生存空

间。牧民们一路迁徙，经由新疆，将他们日常食用的小麦传入了中原。而小麦也由此自西向东，在中华大地上扎根、繁衍。

在甲骨文中，“来”字是个象形文字，本意应该是专指小麦，字形像叶子对生的小麦。“来”有“外来”的意思，表明了麦子由外传来的来历。

“小麦覆陇黄”

商周时期的小麦

内地出土的小麦中，最早的存在于 3000 多年前的商代中期或晚期。

到了周代，“麦”已然是五谷之一，虽然比不上北方种植最广的糜子，却也常见在人们的饭桌上。《诗经》中提到麦的诗比比皆是。周代，小麦产地已遍及今河南、安徽、山东、山西、河北等地。

广阔的麦田

“象征贫贱”的小麦

周代食用小麦的人比较少，麦也常常被认定为“贫贱”的食物，这主要有两点原因：第一，小麦的种植多是在城郭之间。周代，正经的井田常用来种粟这种主要口粮，只在城郭间的杂地才种小麦。这种种麦习俗一直到汉代、魏晋都在延续。东汉时大臣伏湛在给皇帝的奏疏中也提道：“种麦之家，多在城郭。”

第二，也是最重要的一点，在石磨尚未推广的时代，用小麦只能制作简单的麦饭。当时的麦饭做法是将麦粒脱皮，经过蒸或者煮后才可食用。当时麦粒脱皮脱得并不干净，麦饭吃起来不但粗粝，还有些黏牙。“麦饭豆羹”“麦饭蔬食”常被用来比喻粗劣的饭食。虽然后世小麦地位渐渐提升，但从周代到清代，麦饭豆羹都带了一些贫劣的意思。我国饮食文化丰富，讲究食不厌精、脍不厌细，小麦不好吃的特点，成为它在当时不被人们所青睐的原因之一。

蒸好的小米饭

五谷之王 粟米

粟即小米，是中国北方地区人们的主食之一，在北方被称为谷子。早在半坡文明中，粟便已被人类从千千万万草木中选出，成为餐桌上不可或缺的食物来源。一颗颗黄色的谷子滋养了一代又一代先民。从周代天子所食用的“八珍”中以肉酱浇灌粟米所制作的食物，到后世寻常百姓皆喜欢食用的小米粥，小米在餐桌上有过无数美好的身影。人们不断改良小米的品种，并制作了各类小米美食，比如小米糕、煎饼等。

齐民要术
中华经典古籍

贾思勰著《齐民要术》

小麦挑战小米

中国最早提到面食的文献，出现在东汉（公元25—220年）。

东汉末年刘熙的《释名·释饮食》中记载了“索饼”。在北魏贾思勰《齐民要术》中，也记载了面食——“水引饼”，这种一尺一断、薄如“韭叶”的水煮食物，其实就是面条。

唐代，日本僧侣圆仁用汉文写的日记《入唐求法巡礼行记》中，记载了当时面条和含馅的面点已经是日常食品这一情况。

那么，小麦又是如何克服重重困难，挑战小米的地位，成为日常食物的呢？其实这得益于天时、地利等许许多多的因素，它们都为小麦在北方“称霸”助了一把力。

天时

气候特点与粮食生产的关系极其密切，温度、降雨对粮食生产都有着非常大的影响。

西周时还处于温暖期，如今较为干燥的华北平原在当时温暖湿润、河网密布。然而到了东周，则进入了寒冷期，而小麦恰好拥有耐寒冷、耐干旱的特点，这一特点让小麦在寒冷期占尽了优势。在别的农作物出现减产时，小麦迅速地填补了上来。因为耐寒能力

保定市徐水区的麦田

强，它可以秋种夏收，而中国原有的粮食作物一般都是春种秋收，正好可以利用秋收之后的土地种植小麦。从周代开始，中国的最高统治者就开始了对小麦的关注，甚至每年秋季都要亲自劝民种麦，毕竟小麦秋种夏收的特点可以为人们提供更多的粮食。

两汉时期，气候又进入温暖期，这为小麦的进一步发展提供了良好的育种机会。

河西走廊上的农田

地利

适应能力很强的小麦很好地填补了田地的农闲时间，让土地得到了充分的利用。

西汉时期，国力之强盛再次到达了巅峰。随着张骞出使西域，卫青、霍去病收复河西走廊，一文一武两件盛事既开通了中原与西域良好的沟通路径，也为小麦的种植开辟了新的地盘。

水草丰美的河西走廊，是小麦完美的种植地。稳定和平的环境使种植业开始稳定地发展，而也正是基于此，小麦又一次在北方的土地上取得了“地利”的优势。

石磨助力

小麦的颗粒很硬，直接煮后食用口感较差，但汉代的一项小发明，却让小麦摇身一变，成为餐桌上的王者。

这项发明便是石磨。

石磨是一种我国重要的粮食加工工具。有了石磨，小麦变身为面粉，开始参与更多品种食物的制作。

石磨对小麦来说可以说是“贵人”。在石磨的助力下，餐桌上的小麦从麦饭、麦粥变成了面粉制作的各类饼饵。经过石磨的加工，无法脱干净谷皮的麦粒

传统石磨

小麦磨成面粉制成面饼

变得雪白细腻，小麦变得美味可口，在餐桌上的地位自然也不可小觑。

先秦时期的人们吃的大部分主食都是粒食，也就是谷物经过简单的脱壳后放入锅中进行蒸煮，熟后进行食用的食物，这种饮食方式很不利于消化。石磨的出现，彻底改变了人们制作面食的方式。

圆形石磨的使用在战国早期即已开始，在河北邯郸市区的遗址就发现战国时代的石磨一具。同样，在陕西临潼秦故都栎阳遗址也发现了战国晚期至秦代的石磨。

有了石磨，人们开始将外壳坚硬的小麦磨成粉，不但让粗粝的麦饭变得好吃了，而且还衍生出丰富多彩的面食。

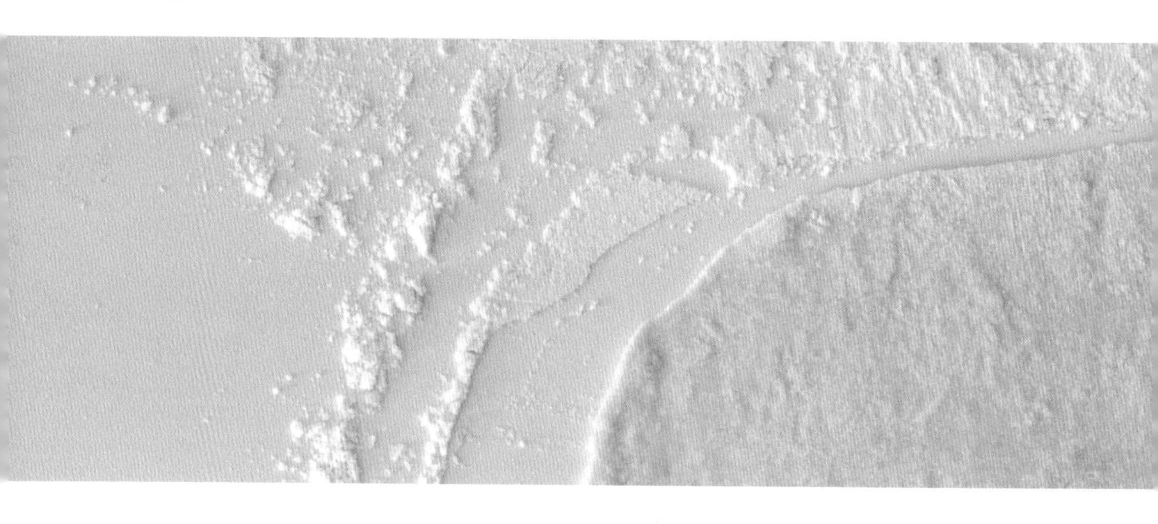

乱世提供的发展契机

当然，即使带着“霉运”的帽子也无法抵挡小麦进一步发展。魏晋南北朝动乱频生，又为小麦的发展提供了很好的契机。

在乱世之中，便捷且易于储存的食物优势尤为明显。小麦磨成粉，做成的食物风干后，可以储存较久的时间。好储存，仅这一点优势，就让小麦在乱世之

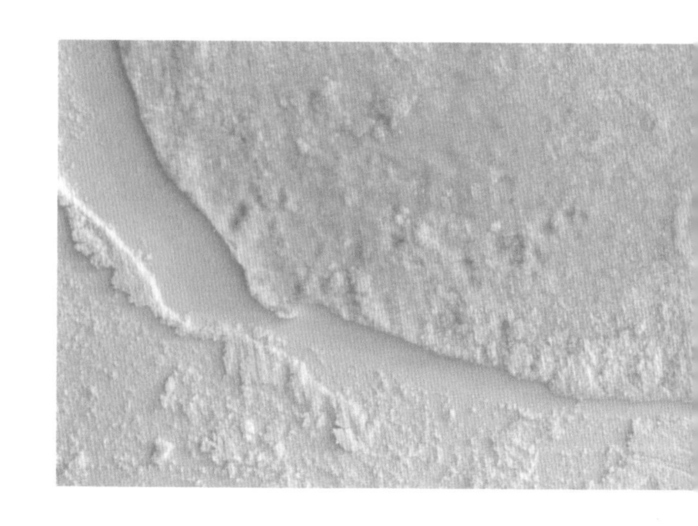

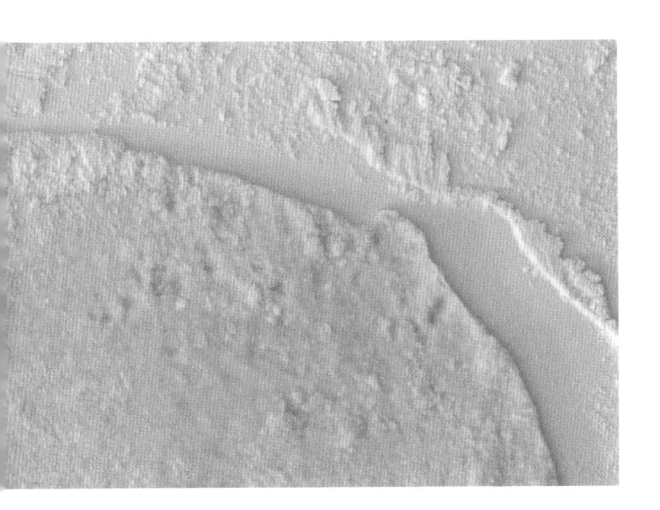

中有了更多的生存机会。

其次，在这次大乱世中，不少西北部地区少数民族入驻中原。这些异族统治者在征服土地的同时也将自己的生活习惯带入了中原，于是中原人的餐桌上也有了更多的面食。为此，面食在这一时期得到了迅猛发展。

擀开的面饼

磨盘上的麦子

唐代，小麦成北方主粮

南北朝之后中国赢来了长久的太平盛世。伴随盛世而来的，是从战争中解放出的诸多劳动力。

隋唐时期，更多的人力转向了种植业，人们在散去硝烟的土地上开始耕种更多的农作物，其中就包括那些在战争中获得的异乡优良基因的小麦。

这期间，石磨也被推向了寻常百姓家。安稳的农耕生活加上石磨的推广使小麦在唐代赢来了新的发展，成为北方农区的主粮，普通的老百姓也经常食用面食了。

一碗面片汤、一个胡饼，新的一天就这样开始，又这样结束。

面食大放异彩

到了唐代中后期，因为石磨的大量应用，面粉生产已经不是什么难事，面食在餐桌上的形态也日益多样化。

发酵的、不发酵的、蒸出来的、煮出来的、炸出来的……此时的面食，是饥饿时安慰肠胃的扎实主食，是觥筹交错中下酒的点心，是赫赫仪式上华贵的祭品。

唐代的一次宴会上，共出现了 58 道奇异菜肴。这其中有 30 多道都是由小麦制作成的，有蒸出来的

花馍

糕点，煮出来的面片，炸出来的面点，还有可能是用来作装饰的摆菜。是的，在唐人的宴会上，有些菜品从原本的“食用”功能中脱离出来，渐渐成为只具有装饰功能的“摆菜”，这摆菜中，也有不少是面粉制成。现在花馍和街头匠人制作的面人，或许便是当日摆菜的遗风。

葫芦形花馍

复原唐代的毕罗铺

毕罗

在唐代的宴会上，还有一种非常有特色的面食，叫饆饠（bì luó），也写作“毕罗”，是一种由面粉制作而成的带馅儿面食。

从唐代史料中可知，毕罗需用油煎而成，呈卷状，两边开口。里面的馅料以肉为主，比如羊肝、蟹黄等，大多数都是荤馅，一看这馅料就知道毕罗是有钱人享用的昂贵食物。

当然，毕罗也有水果馅儿的，比如樱桃毕罗。唐文宗时的左金吾卫大将军韩约武功高强，十分善战，他还擅长烹饪，樱桃毕罗就是他的拿手好菜。这个故事在《酉阳杂俎》里有记载：“韩约能作樱桃饆饠，其色不变。”

做好的餺飥

餺飥

在宋代，粟的高光时刻无疾而终，小麦已然成为餐桌上的绝对主食。

陆游有首诗叫《岁首书事》，其中写到“中夕祭余分餺飥（bó tuō），犁明人起换钟馗”。这首诗讲的就是宋代人过年时全家祭祀祖先后食用餺飥的场景。

餺飥出现的时间很早，在北魏《齐民要术》中就有记载。餺飥的做法与现在的面片汤几乎一样，把轻

薄的面片在水中煮熟，调上调料就可以食用了。

在宋代，连民间谚语中都有“巧妇做不得无面餺饦”之说，其实就是巧妇难为无米之炊的意思，可见当时小麦做的餺饦是如此常见。

按照宋代的习俗，冬至时大家吃馄饨（更接近于现在的水饺），除夕时则全家吃餺饦。唯愿一年的生活如餺饦汤一般，看似简单，实则有美妙无比的滋味。

餶飿

水中煮着吃的面食除了餺飥，还有餶飿（gǔ duò）。

宋代的餶飿接近现在的馄饨，常常被做成宛若含苞待放的花朵一般好看的形状。同现代的馄饨一样，餶飿有着不同吃法，可以煮着吃，也可以炸着吃，里面的馅儿有鹌鹑肉的，有鲅鱼肉的，非常丰富，而且不同馅料有不同做法。宋代人还会把馄饨包得很大，可以用铁签串起来烤着吃。

据说餶飿之所以叫这个名字，是因为它不但馅料美味，形状更像花朵一般。宋人喜花，常将未开之花的“骨朵”之称运用于有趣的物件上。“餶飿”谐音“骨朵”，面食中这形似花骨朵的美味，便也叫了餶飿。

包好的饺子

角儿

到了宋代，有一种面食叫“角子”。“角”“饺”同音，“饺子”一名便由“角子”而来。

北宋文学家孟元老在《东京梦华录》中记载了汴京的繁盛，他还特意提到市面上的各种“角儿”，比如“水晶角儿”“煎角子”，还有“驼峰角子”。

南宋文学家周密在《武林旧事》也提到，临安的市场上有“市罗角儿”“诸色角儿”。

宋代，饺子传入蒙古，在蒙古语中读音类似于“匾食”。到了明清时，因地域和制作方法的不同，饺子的称谓更是多样，除“角子”“扁食”外，还有“水角儿”“水点心”“水点儿”等各种叫法。

源于宋代的中江挂面

面条

宋代面条的称呼也独立了。面条开始区别于“汤饼”，成为一种独立的美食。

根据史料记载，北宋时期的开封有约 150 多万人口，当时人口众多，生活节奏快，大家更喜欢方便快捷的食物，面条煮起来也又快又简单，对宋朝人来说再合适不过了。由此，面条文化迎来了鼎盛时期。

《东京梦华录》中就记载了开封有多种面条，比如有羊肉汤煮的“罨生软羊面”，有以猪肉和鸡肉做汤头的“桐皮面”，还有桐皮熟烩面、菜面等各种各样的面条，数量之多，令人叹为观止。

在南方受阻

像西晋士人所谓的衣冠南渡一般，在北方游牧民族的侵犯下，宋代百姓也不得不南渡。北方人的生活习惯就这样带到了南方，其中就包括面食。但在当时的南方，小麦依旧没有占据餐桌的主要位置，这又是为什么呢？

第一，如前文所说，小麦耐寒耐旱，不喜多雨的

中原漳河岸边，一边是水稻插秧，一边是小麦收割

生长环境。秦岭、淮河以南温暖湿润的气候更适合喜湿热的水稻；小麦则有些“水土不服”了。

第二，当时的南方居民认为小麦自带“麦毒”，会导致疾病，所以大家都排斥小麦这一粮食作物。其实，江南一带人们认为的“麦毒”，极有可能是因为人们错误储藏小麦导致小麦发生了变质。

苏州奥灶面

汤面脱颖而出

南国烟雨滋润出了一代又一代不同的糕团，却没有多彩的面点来点缀桌面。

在南方，餐桌上的食物虽然也有小麦的参与，但更多是将面食的制作方法传给了米食。在南方，人们将米磨成粉，制作出各种米食，比如年糕、汤圆等。

但有一个例外就是汤面。

汤面从众多面食中脱颖而出，被更多的南方人所喜爱。宋人带去的汤面一步一步继续向南，直到传遍我国的各个角落。现在，苏州的奥灶面、广东的竹升面，皆源于南宋时士人带去的饮食习惯。可见，宋代时期人口和经济重心的南移，都潜移默化地将北方地区的爱好、习惯和风俗渗透进南方人的日常生活之中。

小麦的扩展

明代以来，人们对小麦品种进行了改良，调整了小麦的生长周期，如今实现了小麦、玉米一年两作，完美填补了耕地在轮作时间上的空缺，不少地区将小麦安排在农业生产中的间歇进行种植。

明、清朝代更替，番薯、玉米等作物与小麦完美配合，共同在我国的土地上奏响永不停息的田园之歌。这个时候，聪明的劳动人民开始利用不同作物的种植

丰收的麦田

时序，使土地的生产永不停息，一年两熟、两年三熟……小麦是田园中适应性最强的品种。

而南北方地区人们对食物的处理技术也进一步提高，最终有了我们现在吃到的种类繁多的面食。

用小麦制作的面条

发酵面团

发酵

其实，除了天时、地利、人和等各种因素，发酵技术的发明也对面食的推广起了至关重要的作用。

现在已经无法考证对面粉进行发酵最初发源于哪里了。事实上，只要有食用面食习惯的民族和地区，都有发酵的技术和传统。毕竟，发酵能让面食变得松软可口，也更有利于消化。汉代时期，已经有人开始认为发酵过的面食比未发酵的面食对人体更有益处。

东汉农学家崔寔在《四民月令》中提到一种“酒溲饼”。这种饼入水即烂,不似死面饼一样不易消化。酒溲饼的“酒溲”二字，被不少人认为，是制作发酵面食品的酵母菌的最早来源。

酒酵发面法

酿酒技术在我国很早就出现了。人们发现当蒸煮过的谷物暴露在空气中后，很快会长出霉菌，将这些繁殖着微生物的谷物放在水中浸泡会得到酒，而将它们放置在干净的谷物中，新的谷物也会变成酒。这便有了原始的酒曲。

或许正是有人发现了这一点，于是将酿酒的酒曲引入了面食制作。《齐民要术》中提及过一种酒酵发面法，就是把面熬成粥，再加入米酒或酒酿，之后将这些混合物加热，等到混合物中冒泡如鱼眼时便可停火，之后再过滤，取汁。过滤后的汁和面，便可成为一种发面。

酿米酒的罐子

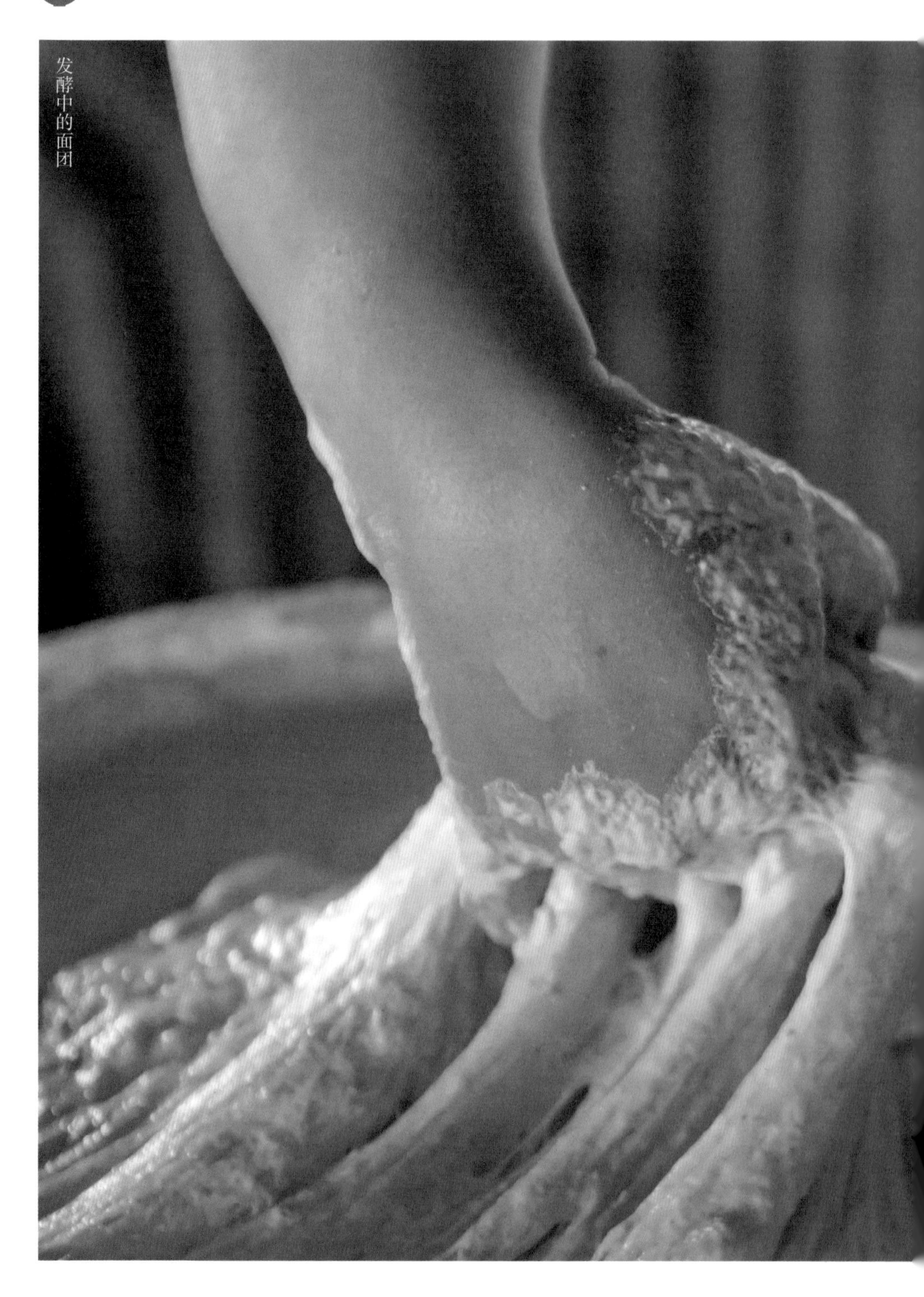

发酵中的面团

酸浆酵发酵法

《齐民要术》中还记载过一种叫作“酸浆酵发酵法”的发面方法，“作饼酵法：酸浆一斗，煎取七升；用粳米一升着浆，迟下火，如作粥。”这粥也被叫作“饼酵”，可以用来制作发面。

这种方式与酒酵发面法类似。当时人们还发现，一年四季，不同的温度，饼酵的使用量也是不同的，冬天需要的量就比夏天要多。

酒酵发面法和酸浆酵发面法，主要都是利用酵母菌，让面食获得一次蓬勃的新生。

其他发酵法

宋代，酵面发面法诞生。这种发面方法至今依然有人使用，并称其为“面肥发面法”。酵面来自之前做好的发面面团。每次发好面，留一块酵面，下次发面时可以继续使用。这种发面法比其他发酵法更为简单方便，此后，酵面发酵法成为我国主流的发面方法。

到了元、明代，发面方法已经与现在大体相同。人们在发酵时会加入碱和盐，面团发酵过程中容易发酵过度而产生酸味，而碱可与面团中的酸发生中和反应，从而去掉发酵面团的酸味，而且放一点碱还可以使馒头更加膨松。

发面放盐主要是为了让面食吃起来更为劲道。盐在发面的过程中能起到增强面团筋力的作用，使面团里的面筋结构的韧性增强，更加有利于面团的发酵膨胀。

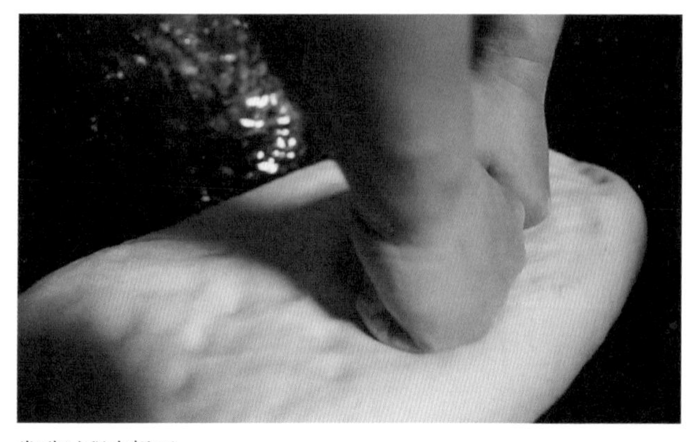

发酵过程中揉面

面

古老釜甑
飘麦香

说起面食，我们脑海中会出现琳琅满目的菜单，五花八门的食物。如今，中华面食种类繁多，但你会发现这些面食大多不同于西方的烤制品，更多的还是以蒸煮的方式走上餐桌，滋养了一代代中国人。

是的，小麦传入时，并没有带来相应的食用方法，小麦经历了粒食到粉食，又通过各种发酵方式，让中华面食形成了以蒸煮为主的烹饪方式。

郑州博物馆收藏的陶甑

陶甑

蒸是一种独具中国特色的食物烹饪方法，距今已有 6000 多年的历史了。半坡文化遗址中，便出土过不少蒸滤器。其中，陶甑是最常见的蒸滤器。

陶甑形状如盆、钵，用夹砂或细泥陶土制作，表面呈红色或者黑色。陶甑底部有方孔或圆孔。有的在器壁近底处也有孔。把陶甑置于鼎、釜等炊具上，在鼎或釜内加水，这样，就可以将陶甑内的食物蒸熟了。在那个时代，甑是先民的主要选择。

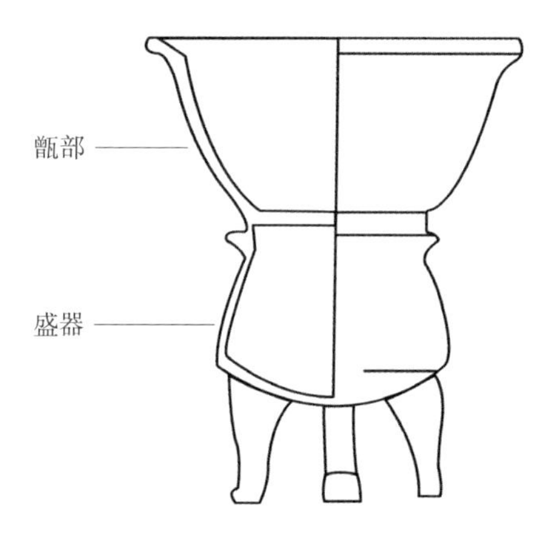

陶甑内部结构

潍坊市博物馆馆藏素面鬲

鬲和甑

由陶罐演变出来的还有釜和鬲（lì），它们同样是两种制作食物的炊具。釜的形状接近陶罐，平底圆足。鬲则是在陶罐的基础上，下面加了三条独具特色的空心腿，矮矮胖胖，非常可爱。

不同的炊具有不同的作用，鬲和釜常常用于烹饪粮食。制作小麦食物时就常常用到鬲。

我们刚说到，甑的底部有许多小孔。将甑放在釜或鬲上配合使用，是最原始的蒸制食物的笼屉。这种由甑和鬲相结合的“蒸笼”，是我国最早蒸制食物的工具。虽然它们与如今的蒸锅有着不小差距，但却是我国一切蒸锅的最初形态。

不管是鬲还是甑，都是人们用智慧发明出的早期适合蒸煮的重要的炊器。

蒸食

蒸不同于煮炖，也不同于烟熏火燎的炙烤，只让若隐若现的水汽，于不经意间将食物由生转熟。在烹饪手法中，蒸最大程度上还原了食物原本的味道，保留了食物的营养。

在其他地方还多是用火焰烤熟食物时，我们的祖

使用蒸笼蒸制食物

先便发明了蒸这样一种独特的烹饪手法，蒸这种温和却坚韧的理念也刻入了我们民族文化的基因中。

后来，蒸具一直在发展，比如现在的蒸笼、蒸箱和蒸锅。这种温润的烹饪方式伴着蒸汽在厨房中流转，温暖了一段又一段岁月。

形态多样的蒸制手法

中国人爱蒸、煮

对小麦的处理，中国人更爱蒸、煮这种方式，除了和中国的炊具有关联，也和先民对待水稻、粟、黍这些粒食的处理方式有关。

在小麦升级为主要农作物之前，中国人的主食为粟和稻。由此，食用的粮食多为加工过的大米和小米。烹制大米和小米的方式一般是蒸或者煮。蒸、煮是中国人最擅长的烹饪方式，我们对小麦也习惯性地采用这种方式进行烹饪，把麦蒸、煮成麦饭食用。即使后来面磨制成了粉，面粉也仍然使用蒸、煮法食用，一个区别于西方以烤食为传统的面食体系也就此建立起来了。

自新石器时期起，中国便逐渐形成以蒸、煮为主要手段的炊煮传统，它与一种甑和鬲这些炊具的发明密切相关。

西方爱烤食

与中国不同，西方人对待面粉的方式多为烤制，把面烤成面包作为主食。

同样是面粉，为何欧洲人更喜欢将它烤着做面包？西方古代文明的餐具器皿可没那么发达，为此他们衍生出了一套以火烤为主的餐饮文化。

西方面包起源于一种粗糙的扁麦饼。人们将谷物舂碎做成饼，在烧热的石头上烤熟，就可以食用了。这种未经发酵的烤饼即是面包的原型，在它诞生差不多两千年后，它被古巴比伦人带入埃及，随后又从埃及传到欧洲，由此开启了面包在普罗大众餐桌上的顶梁柱的地位。烤这种对待小麦的方式也一直流传了下来。

刚出炉的埃及皮塔面包

烤和蒸 藏着不同的文化

馒头与面包，一蒸一烤，背后却体现了不同的文化内涵。

西方文明起源于商业贸易，人们需要不停扩张领土，开创新的贸易点。相对于西方文化具有攻击感的扩张性，中华文明博采众长，讲究和而不同，即便与其他民族有过冲突，也不会强行扩张掠夺。这种差异

炉中的烤饼

与东西方烹饪方式的差异如出一辙。

中华文明宛如蒸锅一般，用水汽柔和地浸入食物，以柔克刚。馒头在不知不觉中从生涩的面团走向成熟，却保持了小麦原本特有的香气。这或许不是最快捷的方法，却能让岁月与文明在柔弱中日益坚强，走向生生不息的未来。

蒸锅中的小笼包

面

面点
形态众多

小麦中的蛋白质与淀粉比例均衡，这使面粉具有独特的黏性与延展性，把小麦磨成粉，让面食有了无限的形态。各种烧饼、面条、烙饼、饺子……中国人手中的那把面粉，在餐桌上散发着无限光彩。

作为一种独特的粮食，小麦凭借自身优良属性和几大强力助力的帮扶，在中国人的餐桌上取得了一席之地。

那么我们如今吃到的各类面食都是如何出现的，它们又曾经历过怎样的发展，以今天的形态与我们重新相遇?

不同种类的面食各具特色，为我们留下了舌尖上的无限记忆。总之，小麦施展出千万面风采，为每个不同的人送上自己独特的饮食风情，这便是面食在餐桌上流转出的风华。

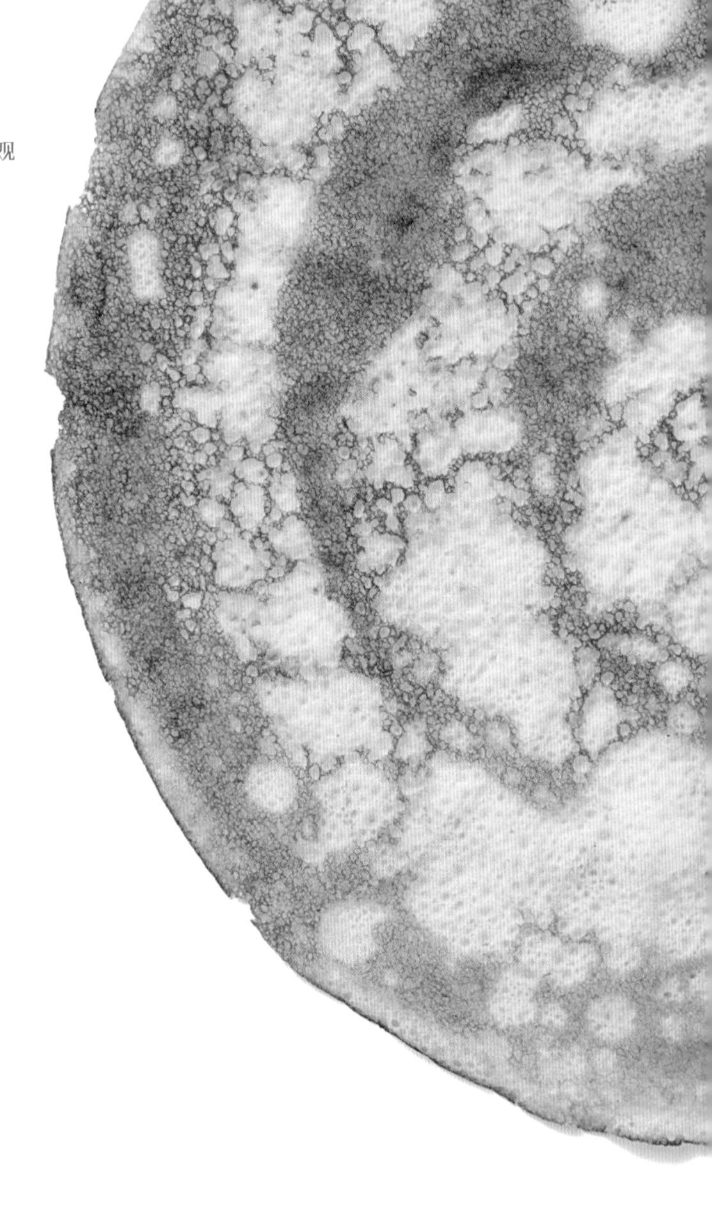

古人的面食都叫『饼』

曾经，所有的面粉制食都可以称之为“饼”。《说文解字》注解为“饼，面糍之，从食、并声。”

面粉制饼由来已久，到了汉代，已基本成型。我们之前说的胡饼即烤出来的，撒了芝麻的烧饼。除了胡饼外，“蒸饼、汤饼、蝎饼、髓饼、金饼、索饼之属皆随形而名之也。”

烙好的饼

后来，随着面食的发展，“饼”更是变得种类繁多，煎饼、烙饼、油饼、烤饼、馅饼……各种饼在人们的餐桌上争奇斗艳。

这些“饼”，也发展出了我们如今吃到的馒头、包子、面条、花卷、馄饨、饺子、麦饭、麻花等各种面食。

金灿灿的胡饼

石磨、胡饼与馕

汉代末年，面食里曾经有一种食物，它声名赫赫，从宫廷到街市，都能看到它的影子，这便是胡饼。

胡饼的名字中带着“胡”字，揭示着它来自游牧民族的身份。汉代控制西域后，芝麻、胡桃等从西域来到了中原地区，这些食材为饼类制作增添了新的原材料，以胡桃仁为馅的圆形饼即“胡饼”也由此诞生。

胡饼是用面粉制作成团，放在特制的饼窑里进行烤制的饼食，烤出的胡饼喷香诱人，为汉人所喜爱。不少学者认为，如今新疆地区的烤馕，便是胡饼传承下的形态。

今天的烤馕接近于当年的胡饼

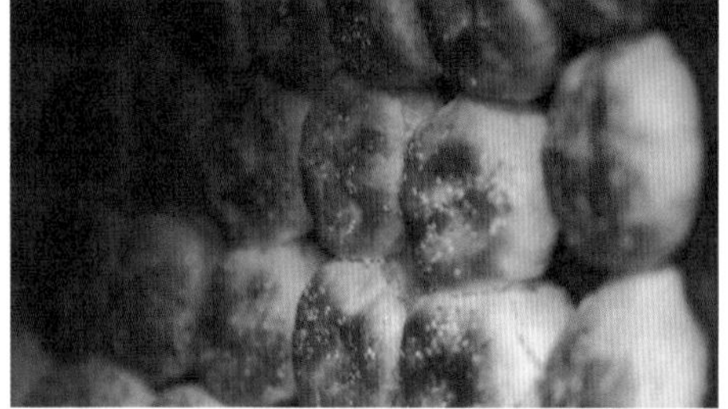

缸炉烧饼的制作过程

缸炉烧饼

缸炉烧饼的美味，古人有诗赞云：“城府千层四方方，芝麻万点心计长。奈何八挂炉中烧，纵到唇边更放香。”

用缸制作食品是一种很独特的方法，它利用了

缸炉烧饼

“缸”的光滑、耐火和厚度，烤出的烧饼不糊、面光，吃起来香、酥、脆。这种烧饼的制法在火候上极讲究，烘烤得当，才会不焦不黏，最后烤制出的烧饼焦香酥脆，层层叠叠，咬一口，饼渣飞溅，别有一番风味。

肉馅馅饼

切开的夹蛋馅饼

馅饼

馅饼指的是带馅儿的饼，多为烤制或者烙制。将各种各样的馅料包入饼剂子，随后将其擀成饼，放入饼炉或饼铛制熟，如果没有饼炉和饼铛，家里的烤炉和平底锅也能解决。馅饼可甜可咸，可荤可素，制作简单，是饼中最为家常的味道。

它看似平淡无奇，腹中却有万千世界。肉、菜、油脂，为人们提供了丰厚的蛋白质、脂肪及维生素，一顿馅饼，就能带来主食与菜的能量和营养。

煎饼

如今我们吃的煎饼的制作方法是从什么时候开始使用的？这个问题难以考证，但“煎饼”一词最早出现是在东晋王嘉《拾遗记》里——“江东俗称，正月二十日为天穿日，以红丝缕系煎饼置屋顶，谓之补天漏。相传女娲以是日补天地也。”

“圆如望月，大如铜钲，薄似剡溪之纸，色似黄鹤之翎。”——蒲松龄笔下的煎饼外观是如此喜人。

中国煎饼以山东煎饼最为有名。看着粗犷的山东煎饼，制作过程却是慢工出细活。做煎饼前，需要提前一晚浸泡原料，再用石磨细细碾磨，还不能磨得太快，否则颗粒过大，口感不好。磨好的煎饼糊子再进行摊制，热乎的煎饼晾凉后，再进行折叠，这样做成的煎饼形态似牛皮，水分较少，特别筋道。

当然，煎饼还衍生出了菜煎饼、煎饼果子等著名小吃，风靡全国，但煎饼果子和菜煎饼这二者其实都是煎饼衍生出来的美食，并非传统的煎饼。

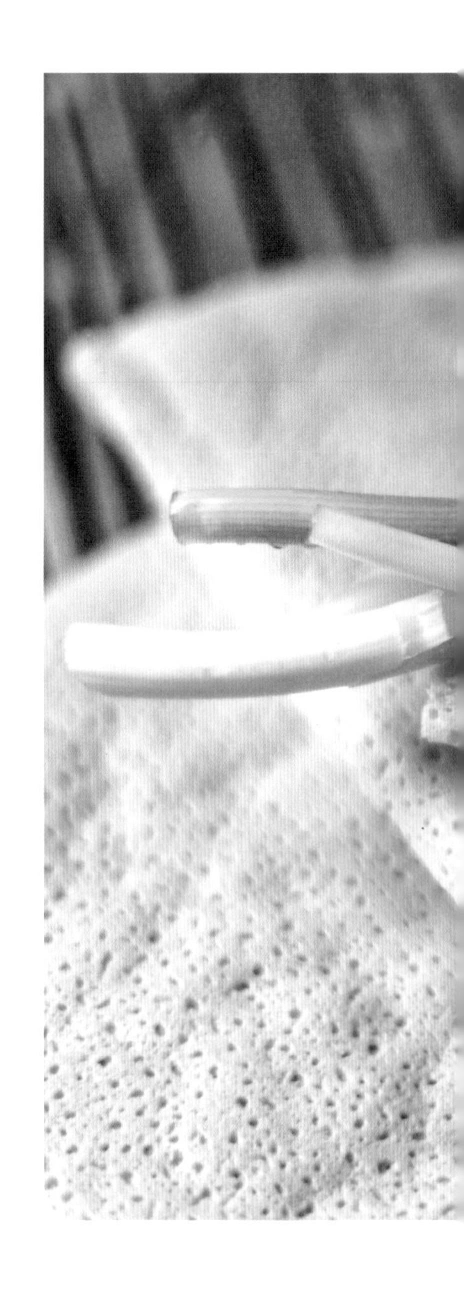

煎饼卷葱

光饼

煎饼是明清时北方饼类的重要代表，然而还有一款饼在南方生根发芽，这便是光饼。

“光饼”亦称“继光饼”“肚脐饼”“咸光饼”。为什么称继光饼？据有关资料记载：明嘉靖四十二年（1563 年），戚继光率军追歼倭寇，当时连日阴雨，军中不能开伙。戚继光便下令烤制一种最简单的小饼，用麻绳串起挂在将士身上充当干粮，既方便携带又容易保存。后人为了纪念戚公，便把这种小饼叫作“继

光饼

光饼”。如今在福建宁德等地依然保持着这种叫法。

制作光饼的主料为精面粉，在精面粉中加入适量的食盐和碱，和水揉成面团，捏成饼状，中间打孔。等到面饼稍醒发后，放入事先烤红的饼炉内，再用当年新采的松针做燃料，烘烤到酥脆后铲下。

如今，福建沿海一带，人们伴着海浪声声食用光饼，期盼的是海波平定，不再有侵略战争扰乱人们的和平。

千层饼

“千层饼”顾名思义——是一种层次多的饼食。它薄如纸、柔如棉、韧如丝，外皮油润香酥，内里柔软筋道。

千层饼可蒸可烙，其独特之处在于“千层”。不同于馅饼的馅料，千层饼使用油酥进行调味，有的地区千层饼中亦可叠加馅料。

千层饼制作时最重要的是油酥，调节油酥口味至关重要。做好的千层饼切开层层叠叠，仿佛一本本摊开的厚书。饼的口感则厚实多变，非常独特。

千层饼在我国非常普及，南方和北方都很常见。其中微妙的不同在于，南方大部分地区制作的千层饼会在油酥中加些白糖，北方则以咸口为主。

做好切开的千层饼

葱油饼

煎烙葱油饼

葱油饼，遍地开花的国民主食，它金黄诱人，带着浓浓烟火气。

有传说葱油饼是由东晋的高僧支遁发明而来。据说爱四处云游的支遁出门时都会自己准备一些干粮，而他最爱带的干粮就是加了葱花的饼子。每到一个地方，当地人就会向他请教这葱油饼的制作方法，于是葱油饼这一美食便在各地开了花。

葱油饼在各地做法不一，有的是煎烙的，有的是烤制的，有的是先做一张大饼再切成小块品尝，有的是堆叠成好几层，成“葱油千层饼”。不管哪种做法，烹饪时葱与热油相融，迸发出的独特的香气却无一例外地让人对它的喜爱油然而生。

蒸饼即馒头

古代，蒸熟的面食最初统称为蒸饼。

蒸饼，即放在笼内蒸熟的面食，故唐朝人干脆称之为“笼饼”，其做法与今天的馒头差不多，蒸饼其实就是现在没有馅儿的馒头。

汉代就已经有了蒸饼，在《释名》中有所记载。汉代将一般面食通称为饼，蒸饼似馒头但无馒头之名。

到了西晋最有名的蒸饼是十字开花饼，就是开花馒头。生活于西晋的何曾，“性奢豪”，“蒸饼上不坼作十字不食”，《晋书 · 何曾传》中讲到何曾每餐耗费过万钱，即便进宫见皇帝，也只吃表面有十字的蒸饼。

随着发酵技术的发展，我国也出现了发面蒸饼，“入酵面中，令松松然也”。这种发酵的蒸饼可视为中国最早的馒头，由此开启了古代中国的“馒头时代”。到三国时，馒头有了自己正式的名称，谓之“蛮头”。

传说中，馒头是由诸葛亮发明的。当诸葛亮平定云南少数民族部落后，用面包裹肉制成“蛮头”，替代人头祭祀河神。这则传说不可考证，却也暴露出了几个信息：第一，馒头的出现可能与祭祀有关。第二，最初的馒头是带馅儿的面食。带馅料的蒸制面食，魏晋时期就已经出现了。

发酵中的馒头

蒸好的馒头和包子

包子馒头混叫

宋代的馒头发展达到了一个新的高度，不同于前代高高在上的祭品，宋代的馒头在市井之间遍地开花，飞入寻常百姓家。

但是那个时候馒头与包子也常常是混用的，包子也有叫馒头的，馒头有叫包子的。

宋人眼中有馅儿无馅儿的发面蒸食都可以算“馒头”，但更多的是带馅儿馒头。南宋吴自牧所著《梦粱录》中记录了不少独特的馒头：四色馒头、笋肉馒头、鱼肉馒头、生馅馒头、杂色煎花馒头、蟹肉馒头、太学馒头、菠菜果子馒头、辣馅糖馅馒头、蟹黄馒头……这些馅料中有不少我们如今也在食用，只是我们现在叫“包子”。

宋代也有包子铺，那时候的包子以冷水面制皮，不同于发面馒头活色生香，因此整体上不如馒头影响力大。

褶皱精巧的包子

馒头包子分家

到了元代，人们开始用碱面和盐中和面团中的酸味，之前依靠馅料挽救发面质感的时代渐渐远去了。而与现在意义上的馒头更接近的馒头，直到明清两代才慢慢推广开。这时人们已经可以娴熟地处理发面团，让其保留小麦的香味及不同的口感。这时，实心馒头渐渐推广，并成为北方地区餐桌上的主流。

到清代，“馒头”“包子”开始分家，但南北方对“馒头”“包子”的称谓各异：北方谓无馅者为馒头，有馅者为包子；而南方却有称有馅者为馒头，无馅者为包子的。

到了现在，有关包子、馒头的称呼依旧存在一定交叠。在我国江浙一带，人们所说的“馒头”常常带馅儿，如上海的南翔小笼馒头、苏南的小笼馒头等。这些看似如同小笼包一样的食物，依然被当地人称为馒头。

但在我国其他地区，馒头则指无馅儿发面蒸制面食。馒头因为制作方便，成了北方地区最受欢迎的主食。

洒上葱花的花卷

花卷

花卷更像是一种介于馒头与包子之间的面食。它带有一定的馅料和味道，却也不像包子一样让馅料喧宾夺主。

诸葛亮创始的馒头，加了猪肉、牛肉等各种肉馅，工序复杂且花费较多。于是，后人便将做馅的工序省去，就成了馒头。而有馅的，则成为包子，捏有很多褶皱像花开一样的，就起名为“花卷”。

花卷制作时，麻烦在准备面上。馒头、包子只需要将面粉调和后发酵揉搓，便可以进行下一步制作了。花卷则需要在面团发酵好后，准备葱花、糖或者芝麻等调料，将其混入面团中。随后，以各种手法对面团进行加工，便有了形体各异、口味不同的花卷了。最常见的花卷有椒盐、麻酱、葱油等口味。

水煮的面食

用热水或热汤煮出的面食最初叫汤饼。从汉代到魏晋，不少人喜欢汤饼的温热。

西晋时期的文学家束皙写过一篇《饼赋》，其中描绘汤饼的段落尤为精彩。他在文章中说，以汤煮出的面食，食用时连汤带面，最解寒冷。在冬季的清晨，一碗热乎乎的汤饼驱散的不止冬日寒冷，还有肠胃的枯索。

雪白的面粉制作了面食，再加上肥瘦均匀的羊肉、猪肉、葱姜调料等精心烹制的肉汤，二者的结合令人垂涎欲滴，更驱散了冬日的寒冷。

随着面食的发展，人们开始食用一种名为“索饼”的面食。索饼如同绳索一般，形状像极了我们后来吃到的面条。

“索”字最初为动词，即人们搓捻绳的动作。现在我们制作面食时也经常会搓出一条条的面块。“索饼”的“索”，或许如同“合绳”之前的搓捻动作，把面搓成条状。正是这一操作过程，使面条逐渐变得细长。

在我国各地开花的长面条，便是索饼的后世遗风。

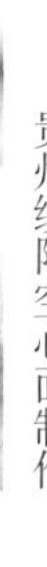

『东方庞贝』发现最早的面条

最早的有面条的国家到底是哪个国家？意大利还是中国？这个答案在 2002 年揭晓了。

青海省喇家遗址被称为“东方庞贝”。2002 年，考古学家在这里发现了长约 50 厘米、宽约 3 毫米的面条，经过比对其中淀粉的结构，考古学家判断这是小米和黍米做的面条，虽然不是小麦做的，但是这无疑证实了中国是世界上最早出现面条的国家。

喇家遗址是一个有着宽大环壕的村落，考古学家在这里发现了大量意外死亡的人类的遗骸。其中有 5

喇家遗址公园

人集中死在一处，多为年少的孩童。房屋东墙下有一女性跪坐在地，左手将一孩童搂抱在怀中，脸颊紧贴孩童头顶，一看就是死于非命。

考古学家还发现在这座房屋中有着大量棕红色黏土，其中加夹杂着波纹沙带，还有断陷的地层。

从集中在一起的 5 个孩童、搂抱孩子的母亲和这些黏土，考古学家判断，这个村庄曾经遭受过地震以及地震引发的洪水的双重打击，葬送了村民的性命。

考古学家在对喇家村的泥土进行分析

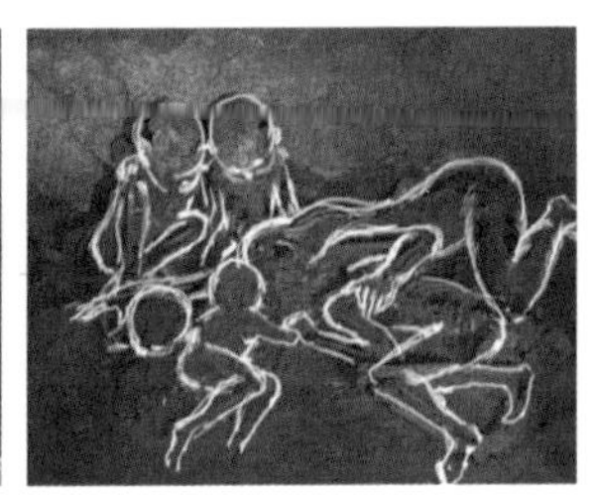

喇家村遗骸

面条风味多样

现在，面条是除了馒头外，北方地区最常吃的主食。相对而来，面条虽然制作起来不如馒头方便、也不易携带，但面条是死面制作的，配合不同的浇头、汤料，也可演绎出不同的风味食物。因此，虽然它比不过馒头在北方地区的影响力，面条依旧有着自己稳固而独特的位置。

面条文化的鼎盛期在宋代。在宋代，面条遍地开

花，好不热闹。

到了明代，面条不但成为人民喜爱的食物，还演化出一些更为神奇的作用和方法。人们和面时在面粉中掺入一些不同食材，共同制成面团。明代宋诩所著《宋氏养生部》，记有“鸡面”“虾面”“鸡子面”“豆面”“山药面”等面条。现在听来，我们依旧觉得非常神奇美味。

卷好的面条

形形色色的面条

不同的制面方法，让我国出现了形形色色不同的面条。

龙须面纤细而长，看起来像龙的胡须。制作龙须面时，师傅需要花长时间进行抻面。这中间过程，既要有耐心，又要有方法，直至将面条抖得细腻如同银丝，才算完成。

挂面为擀压出的面片切割成的面条，切割过的面片随后挂在特制的竹竿上，利用小麦的延展性进行拉伸，从而得到面条。

拉面又叫甩面、扯面、抻面。拉面制作时，把掺入碱的面团切成块，然后将面块抻成为想要的细度和长度。听起来容易，制作起来却需要非常高的技巧。

跳面制作非常独特，要将揉成的面放在案板上，

成捆的挂面

空心挂面制作

操作人员坐在竹杠一端，另一端则固定在案板上。利用竹竿反复挤压成薄薄的面皮，再用刀切成面条。跳面制作非常有观赏性，而跳面的口感也因此有着不同于常面的爽利。

刀削面制作不同于其他面条，是将和好的面团直接由刀削成面型，下入滚水中煮熟。一块面团，面前一口翻滚大锅，左手捧面，右手握刀，手起刀落，刀削面“咻咻”地落入沸腾的锅里上下翻滚，充满了烟火气息。

两陕地区还有一种神奇的空心挂面。不同于普通挂面，这种挂面中间有一个直径 1 毫米左右的孔隙。

制作者首先用力和面，经过几番醒面与和面，空心挂面就可以擀制了。与其他的面条不同，制作空心挂面，擀面时只需要将面团平整拉伸，而不用反复揉压。擀完面，需要将面搓为面条，并将面条放上竹制的挂面架上。这时，面条被人用手一点点迅速缠上，充斥着制面的独特技巧。随后，挂面架被架起，自然的引力将精心调和的面条拉到 3 米左右的长度。整个过程中，全然仰仗着制面人的熟练与对外在环境的把握，否则面条无法拉到想要的三米长度，也无法形成独特的空心孔隙。

最终，垂下的面条宛若一根根琴弦，在空中轻轻荡漾。此刻，静静等待干燥的陕北风对面条进行最后的处理，也就是空气为挂面赋予最具特色的孔隙。这时，空心挂面才得以完成。

煮好的馄饨

馄饨

在热汤中舞动的除了面条，还有一些带馅儿的食物。这些食物中就有我们非常熟悉的馄饨和饺子。

宋代，餶飿接近于现在的馄饨，馄饨则接近于现代的水饺。“牢丸”“匾食”“饺饵”“角儿”“粉角”，这些多是古人对饺子和馄饨的称呼。很长一段时间里，馄饨与水饺就像馒头与包子一样，被人们混为一体。

现在，大家一般认为以方形面皮包出的，与汤一同吃下去的为馄饨，而以圆形面皮包出的，煮熟后捞出食用的为饺子。

同时，馄饨还有一些其他的名字，岭南一代的云吞，川渝一代的抄手，都属于馄饨。依照地区的不同，馄饨的大小、馅料的多少、汤料的调味，都存在一定的区别。

包馄饨的过程

形状可爱的水饺

传说饺子是张仲景发明的。张仲景是东汉时期的神医，也是地方长官。传说中，他为救治居民冻疮，于冬至时节开放府衙，让每人领 2 只耳朵一般的娇耳（既热饺子）回家食用。现在我们说到的“冬至不吃饺子耳朵会冻掉”等民俗，或许与这件事情有一定关系。

到了明代，宦官刘若愚所著《酌中志》中记载：“初一日正旦节，吃水果点心，即匾食也。”匾食就是饺子。万历年间便有了“正旦节”（即大年初一）吃饺子的传统。而清代及后世，饺子因为制作相对方便，也成为北方地区逢年过节必备的食物。在北方，过年过节都吃饺子，招待贵客也要吃饺子，这让它迅速占据了年节市场，成为北方人民生活中最具仪式化的体现。

在我国，无论是普通的韭菜猪肉、白菜猪肉，还是冬至特供的羊肉，沿海特产的海鲜，都可以做成美味的饺子馅儿，为大家带来不同的仪式感与饱腹感，尽享生活的平安与美好。

带着春天气息的麦饭

麦饭是一种非常古老的食物。

古代的麦饭粗粝，难以下咽，但是麦饭这种烹饪形式并没有由此消失，这种古老而有趣的食麦方法保留至今，再加上其他食材的加入，麦饭成了现在餐桌上一种特别的食物。

春日中，人们挥洒汗水，采摘新鲜野菜与野花。回家后洗净这些野味，粘上面粉蒸熟，便是满带春天气息的麦饭了。

麦饭

这种制作方法与湖南、湖北的一些蒸菜相近，以小麦为辅助，突出菜蔬花朵原味，让餐桌上充斥着季节流转带来的独特趣味。

春天里新长出的榆树叶子圆润而甘甜，这种叶子裹上面粉蒸熟，便是流传至今的榆钱麦饭。

同样，将槐花洗净，裹上面粉蒸熟，便是清芬可口的槐花麦饭了。

一口麦饭，让我们实实在在体会到了春天的气息。

麻花

在我国，还有一种人人喜爱的面点，那便是可咸可甜的麻花。

麻花是一种面食点心，因为口味独特、香味浓郁，在全国范围内都有流传。

通常麻花由碱、面肥、糖或盐等辅料与面粉调和成面糊或面团，拧成麻花形状油炸而成，因此麻花有了“麻花”这个形象的名字。

麻花由来于古时一种名为寒具的点心。之所以名为寒具，是因为它用油炸熟，食用时不用加热，因此常常被人们当作寒食节的食物点心。

南朝宋檀道鸾所撰《续晋阳秋》中记载：“桓灵宝好蓄书法名画，客至，常出而观。客食寒具，油污其画，后遂不设寒具。”由此可知寒具是油炸食品。唐韦巨源在食谱中记载的“巨胜奴（酥蜜寒具）”，或许也是类似的食物。

拧成麻花形状的面团

麻花的形态非常独特，做好的麻花独具特色美感。这也要求制作麻花的师傅手法必须非常娴熟。

制作麻花时，要先将面团和调料混合好。随后搓成长条、下面剂，当把面团搓成单条后，用手把它甩为双条。这时麻花师傅左手拿住折头，右手往里搓面。等搓好了，把面一合，就成为最基础的麻花了。最后将它放到油锅里，待炸到金黄色时即熟，脆酥清香的麻花就做好了。

面

盘中滋味四方来

小麦不但在我国贯穿了数千年饮食历史，也贯穿了华夏大地从北向南、从西向东的大部分角落。

在幅员辽阔的华夏大地之上，水土不同，风光各异。地理环境与自然条件的不同，让人们在不同的时光中，以不同的文化，对待着相似的食物，寄托着相似的情思。

同样的一捧小麦，在我国不同的环境中，又有着怎样的相同与不同？全国东西南北中不同区域，又以小麦这一个原点，演绎出了多少不同特色、不同风味的面食？

让我们由西向东，从北到南，看看全国各地有关小麦的特色食物。

烤坑中的馕饼

新疆烤馕

馕，传说中最接近胡饼的面食。在新疆地区，馕是常见的主食，它不但是人们餐桌上的佳品，也是人们外出旅行必备的干粮。

一般认为馕是从中西亚传入我国的，它是小麦在农耕文明下驯化出的成果。馕在新疆的存在历史十分悠久。在新疆，只有在烤坑中烤制出来的馕饼才能叫馕，反之，即使形状类似，也不能称为“馕”。

新疆地区高温少雨，气候干燥，非常适宜馕的保存。烤馕一般可以保存一两个月，这让它成为丝绸之路上重要的干粮。时至今日，馕依然是当地人最钟爱的主食。在当地人眼中，可以一日无菜，但绝不可以一日无馕，因此馕的消耗量特别大，每次制作都要备足几天的量。

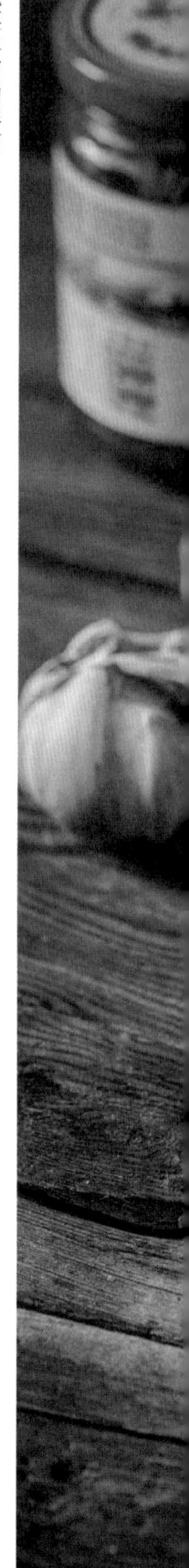

配菜丰富的拌面

新疆拌面

除了馕这样方便耐放、可做干粮的主食。新疆干旱却丰饶的土地上还存在着不同的面食。新疆拌面就是其中独具特色的一种。

同馕一样，拌面也是一种非常方便的面食。面条制成后在锅中稍微煮几十秒，拌上不同口味的菜，便成为可以食用的拌面了。

新疆拌面俗称拉条子，制作时不用擀、压的方法而直接用手拉制，加入了各种蔬菜和牛羊肉，成为新疆各族群众都喜欢的大众面食。它物美价廉，美味可口，见证了丝绸之路的东西文明交汇，让小麦成为链接世界的一种纽带。

羊肉拌面、鸡蛋拌面、酸菜拌面、过油肉拌面、碎肉拌面、牛肉拌面、鸡肉拌面……新疆人永远对拌面抱着极大的热情，在吃拌面的路上越走越远，配菜也越来越丰富。

「天下闻名」的兰州拉面

兰州拉面

新疆往东，是甘肃地区。戈壁、荒漠与碧水长天，构成了这里更为独特的风景与风采。

在甘肃省省会兰州市，有一种家喻户晓的面食，那便是全国大街小巷皆有名的兰州拉面。

兰州拉面也被人称为兰州牛肉面，多是将加了碱的面团以拉扯方式做出宽度不同的面条，煮熟后食用。拉面师傅的手艺非常讲究，拉出的最细的面条可以穿过针眼。

在兰州本地，这种面叫“牛肉面”。牛肉面讲究“一清、二白、三红、四绿、五黄”，一清指面汤清，二白指萝卜白，三红指辣子红，四绿指香菜蒜苗绿，五黄指碱面黄亮。一碗完美的牛肉面颜色悦目，香气迷人，一口面条下去，口感劲道柔韧，面汤咸香浓郁，极其诱人，一碗面下去，一天的能量满满地补充足了，令人愉悦满足。

拉面食用方便，价格实惠，如今已然传遍全国，成为人们喜欢的快餐美食。

西北酿皮

一碗酿皮，是西北人唇齿间萦绕的乡愁。

酿皮是一种制作方法很独特的面食。

一般的面食，都是将小麦磨成面粉加工进行食用。面粉中的蛋白质与淀粉团在一起，使面粉同时具有黏性与延展性，由此可将其做成不同的形态与口味。

但酿皮不一样，制作酿皮需要先将面粉中成分进行分离。这一步也叫“洗面”。人们用白布包裹面粉，加入清水，随后用力揉搓。在这个过程中，面粉中柔韧的蛋白质留在了白布中，清澈的淀粉则被清水带了出来。

这样经过千辛万苦，才刚刚得到酿皮的原料。酿皮的制作还需要经历漫长的过程，需要细心耐心。纯净的淀粉无法直接加工，需要隔

青海酿皮

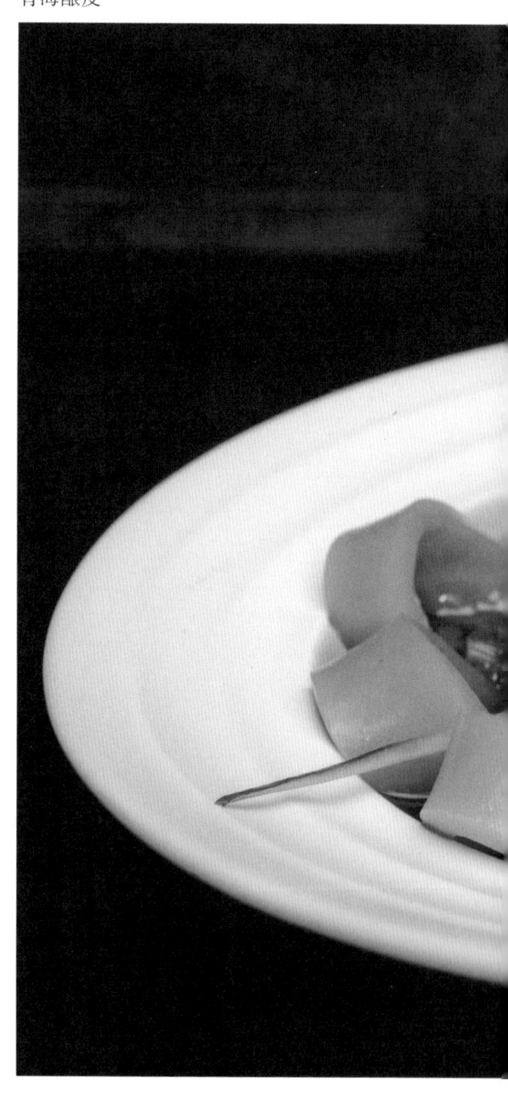

着清水加热，才能保证淀粉不焦不糊，柔韧有弹性。要有常年制作的熟练技巧与一份无与伦比的耐心，才能小心制作出美味的酿皮。

而面粉中的小麦蛋白也不会浪费，人们用小麦蛋白制作面筋。将酿皮切成长条，一勺蒜水，一勺香油，一撮面筋，加上辣油和醋，简单一拌，入口细腻润滑，酸辣劲道。

秦刀剁面

同样在西部，陕西省咸阳地区的面食则也有着自己的特色。这里的秦刀剁面多由女子制作，媳妇们用一种传说由秦代传承下来的剁刀制作这种面条。那剁刀起起落落，如缝纫机针般在走，一条条粗细均匀的面条往外滚动着，没有一丝粘连。

浇上臊子的秦刀剁面

一切看似容易，背后却需要依靠全身力度的完美协调。在几十年经年累月的训练下，人与刀依靠着经验和感觉配合，面条渐渐劲道而美观，再配上独具特色的荤素臊子，臊子既有洋芋、胡萝卜、肉丁、韭菜搭配的荤臊子，又有番茄鸡蛋搭配的素臊子，浇在面上，白中见绿，绿中见红，让人还未吃到就口水先流。

陕西油泼裤带面

油泼裤带面

陕西的面类品种非常多，裤带面是其中非常独特的一种。所谓的陕西十八怪中有一句“面条像裤带”，说的便是这种如同裤腰带一般宽大的面条。

这种面条由擀面杖擀制，为了方便，擀好的面饼被切割成宽大的面条。宽大的面条口感扎实，非常筋道。搭配裤带面的往往是油泼辣子。油泼辣子是陕西具有特色的食物。在陕西，物产不如中原地带丰富，辣椒便是一道“菜”了。人们烧热油，将辣椒浸入沸腾的油中，从而激发辣椒中的香味。这种油辣椒与裤带面拌在一起，再配上大蒜，便是陕西人一顿可口的午餐了。

羊肉泡馍

陕西羊肉泡馍

陕西省除了面，还有独特的馍。馍在我国北方地区不算少见，但陕西人对馍的独特食用方法，却让人记忆深刻。

羊肉泡馍是一种陕西特色的面食。一份羊肉泡馍由羊羹和馍组成。羊羹比羊汤要浓郁，是羊肉加入酒、萝卜及各色香料制成的，烹煮得肉烂汤香。这时，将烙好的面馍馍弄碎，在羊汤中煮熟为止。这样一份羊肉泡馍，充斥诱人的碳水化合物与脂肪。

现在，很多泡馍店会用机器将馍切碎煮制。但讲究的陕西人还是会向店家要来馍自己掰成黄豆大小的碎粒，这样羊羹的味道才能充分进入泡馍，让这一餐更加美味。

大阳古镇馔面

陕西省隔壁的山西省，同样是面食大省。几百年来，山西人民养成了根深蒂固的吃面习惯。每人每天不吃上一碗面，好像浑身上下不舒坦。

在山西，有一种非常特色的面食——馔面。“馔”的本意是准备食物的意思。相传“馔面”源于周代，原本是宫廷美食，后流传到民间，成为百姓人家办喜事必不可少的一种主食。

制作馔面的面馆

婚宴上吃馔面

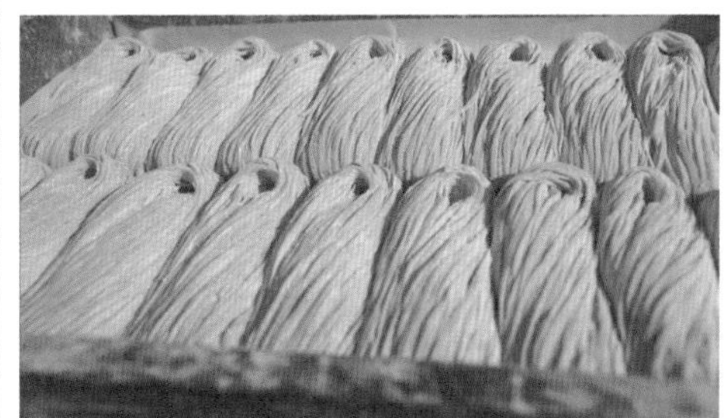

在和面时，馔面的配方就非常独特，会在面团中加入一些豆面，豆面的加入让馔面有了独特的口感。在制作馔面时，有人甚至会使用石碾来碾压面团，以保证面团的光洁柔韧。

馔面色泽光亮透明，入口光滑，颇有嚼劲，配以独特的红绿间杂荤素皆有的浇头，撒以香菜和芝麻盐，吃一口回味无穷。

馔面，以晋城市泽州县大阳镇最为有名。从古到今，大阳人办喜事吃酒席时，馔面可是不能少的。一碗特产自大阳的馔面，才是大阳人最正宗的待客之道。

色泽红亮的红油抄手

四川红油抄手

我国西南地区的四川盆地，气候温润、物产丰富，有“天府之国”之称。

天府之国盛产各类美食，小麦自然也在其中有自己的一席之地。红油抄手，便是这里最具特色的面点之一。

抄手是川渝一代对馄饨的称呼，传说这个名称的来由是抄手皮薄易熟，制作者将其置入锅中，双手向着胸前一抄，其间不过 1 到 2 分钟，抄手就已熟可食用了。这份急哄哄的热情，正如四川人的性格，热情、急切，而又实用。

更为切合这种性格的是抄手所用的拌料。与其他地区不同，四川人食用抄手不在汤中做文章，而是以红油混合其他香料，调制出独特的蘸料来。热辣的红油与鲜嫩的抄手结合，将四川人的热情推向极致。

宜宾燃面

四川宜宾地区有一种独特的面食小吃，被人们称为宜宾燃面。

宜宾燃面的原名为叙府燃面，也被称为“油条面”。这种油面条制作时加油不加水，面条油重无水，点火即燃，故名燃面。

在清代光绪年间，宜宾码头工人众多，水码头上

的挑夫们将水叶子面（也称“水面”）甩干后，拌上猪油与辣椒油（红油），便可大快朵颐。这碗面不求精致，但那股香辣爽韧却能让码头工人饱口腹之欲，吃上一大碗，那些艰苦体力的劳作也便能扛住。

如今，宜宾燃面选用当地优质水面条为主料，以宜宾碎米芽菜、小磨麻油、鲜板化油、八角、山柰、芝麻、花生、核桃、金条辣椒、上等花椒、味精、香葱、豌豆尖或菠菜叶等辅料，小小一碗燃面，融会着的是宜宾本地物产之精髓。

香辣可口的宜宾燃面

四川担担面

四川担担面

四川担担面之所以名为担担面，与其最初的售卖方式有关。

传说中，四川担担面由四川省自贡市的小贩陈包包发明。陈包包在街头卖面，挑着一种独特的担子。担子一头为煤球炉子和铜锅，铜锅分为两部分，一部分煮面，另一部分煮鸡汤、蹄髈等吊味；担子的另一头则是碗筷、调味料等。卖面的时候，先从一边煮面条，带上鸡汤，再捞到碗里，拌上另一头不同的调料，一碗美味的担担面就做好了。

担担面的调料有德阳豆油、味精、红油辣椒、鸡蛋、化猪油、豌豆尖、高汤、醋、葱花、芽菜、豆粉、猪肉等。如今挑着担子卖面的人少了，但担担面依旧活跃在大街小巷的铺面里，吸引着一代又一代食客的目光。

重庆小面

重庆市，一座坐落在西南地区的山城。这里有大江大河、奇峰峻岭，地形非常独特。和四川人一样，重庆人也喜欢辛辣的食物，但比起四川，重庆市是码头城市，地形更加崎岖不平、因此比起四川面食的精细，重庆的面食更多了几丝简洁与豪放。

小面是最普通的面条，小面没什么特别的浇头，无非是一碗面加上佐料。

小面的佐料中，有特制的油辣子、花椒粉、榨菜粒、猪油、酱油、味精等。而这数十种佐料中“油辣子”堪称重庆小面的灵魂，直接会影响一碗面的成败。无辣不欢的重庆人对油辣子可不是一般的讲究，喷香微呛、透红油亮、辣而不燥，这样的油辣子才是一碗合格的油辣子。

一碗重庆小面，哧溜哧溜几口下肚，这是重庆人忙碌一天的开始，也是平凡生活中的安逸。

重庆轨道交通 2 号线

北京炸酱面

老北京炸酱面是北京市的独特小吃。一碗老北京炸酱面的历史和文化纵贯古今，非常值得探讨。

炸酱面出现在清代晚期。清代后期，北京居民细粮主食以白面为主，清末，不少八旗子弟家道中落，饮食上不如从前，为了摆排场充面子，在吃面的时候，要特意放上酱，酱还要用油炸一下，这样面与酱的色泽搭配起来很好看，酱的香味也更浓郁。

酱做好后，再加上时令蔬菜，将芹菜末、黄瓜丝、白菜心、豆芽、小萝卜等拌入炸酱面，一碗鲜香可口的炸酱面就做好了。拌面条时，混着几粒肉丁，肉丁的香醇和菜码的清脆一起进到肚里，酣畅淋漓，滋味无穷。

如此爽口顺滑的面食，上至达官贵人，下至黎民百姓，都无有不爱。一碗炸酱面，浓缩着北京人最熟悉的味道。

老北京炸酱面

饼酥肉香的驴肉火烧

保定驴肉火烧

驴肉火烧，可以算得上河北美食的头号招牌。

把卤好的驴肉伴着老汤汁加入酥脆的火烧里面，咬一口，唇齿生香。

相传驴肉火烧的发源地为保定市徐水县漕河镇，这里漕运发达，码头上存在着漕帮和盐帮两个帮会，双方针锋相对，有一次为争夺码头的管制权力而大打出手，最后漕帮取得了胜利，还缴获了盐帮运送盐的毛驴。漕帮把驴宰杀炖煮，设庆功宴，余下的肉就夹入当地打制的火烧中，由此驴肉火烧诞生。

保定驴肉火烧好吃，重在驴肉味道出色，但火烧也要相当讲究。火烧从和面就得开始注意要领，要反复揉才能让火烧有劲道的口感。面和成后，要在表面抹上驴油，这样火烧才能起酥。香脆的火烧，搭配爽嫩的驴肉，肉香麦香在口腔内混合在一起，实在美味。

河南羊肉烩面

产麦区河南省还有一种独具特色的面食，名为羊肉烩面。这种面以极宽大的面条和极浓厚的羊汤共同制成。

羊肉烩面的制作，讲究非常多。首先是面条，用面粉加水和面，随后制成面坯，然后才能扯面。面坯不能太软也不能太硬，面如果太软，则难以扯成型；面如果太硬，即便经过醒面，也很难将面撕扯开。

扯面不容易，做汤也不容易。羊肉与羊骨，配合不同的香料药材，历经数个小时的精心熬煮，直到羊肉软烂，羊骨髓融入汤中，才能制成浓厚而不腥膻的羊汤。

最终，将面与汤结合，再进行熬煮，这期间加入海带丝、豆腐皮、鹌鹑蛋等配菜，一碗烩面才终于完成。

宽大的面条和浓厚的面汤，连同用心的制作过程，象征着中原一带人们宽广的胸襟与气魄。一碗汤面之中，万般寓意与营养都融汇心头，让每一个吃面的人都不得不感慨一声美妙。

羊肉烩面

干爽热辣的热干面

武汉热干面

过早是湖北地区对吃早餐的俗称。湖北武汉的热干面，是人们“过早”时最干脆的早餐，也是风靡全国的一份独特美食。

热干面的构成非常简单：水分晾干的面条与调过味的麻酱混合，便有了这一份全国人民喜爱的面条。热干面的关键在于“热”与“干”，热源自滚水煮出热烫的面条，干则源自以风扇吹面晾面而得到的独特口感。这样独特的处理方式使热干面足够筋道弹牙。这时，将带着颗粒感的芝麻酱拌入面条，让每一根面条上都带着芝麻浓郁的咸香。再配合花生米、葱末、咸菜粒等小料的不同风味，一碗热干面带着武汉人的豪迈，宛如长江之水，浩浩汤汤流过城市，流向未来。

咸宁桂花月饼

湖北地区的面点同样对滋味有着不同的理解与追求。湖北咸宁的桂花月饼，便是其中一个典范。

咸宁是桂花之乡，桂花与月亮在当地是密不可分的。每到中秋，当地会举办隆重的祭月仪式，而且一定要吃桂花月饼。

桂花月饼好吃，但桂花并不好采，必须要趁着清晨阳光尚不猛烈时打下桂花花蕊，小心筛选，才能精心保留下那最初柔弱金黄的一缕自然之香。

小麦拥有强大的延展性，很多面点会基于对这一点进行运用发挥，但轮到桂花月饼，却要最大程度上避开小麦的延展性特质。桂花月饼的饼皮不能用力去揉，只能用工具混合油、糖、碱进行加工，这样才能得到爽口不油腻的饼皮。

而当月饼开始放在锅沿上烤制时，还要时时刻刻注意分寸。不然，简简单单的月饼便会被毁去香气与油润，一切的努力付之东流。

桂花月饼

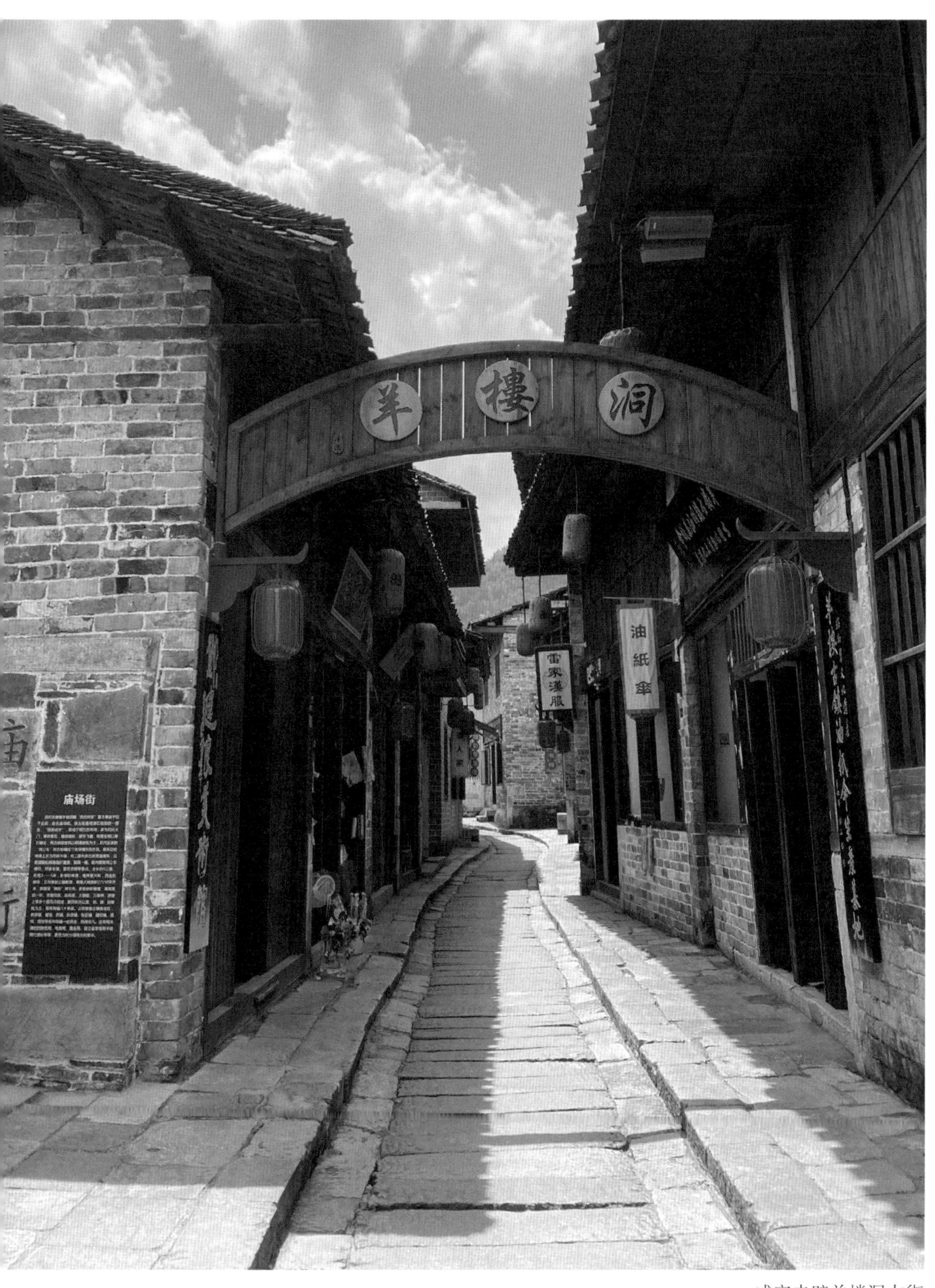

咸宁赤壁羊楼洞古街

酸菜饺子

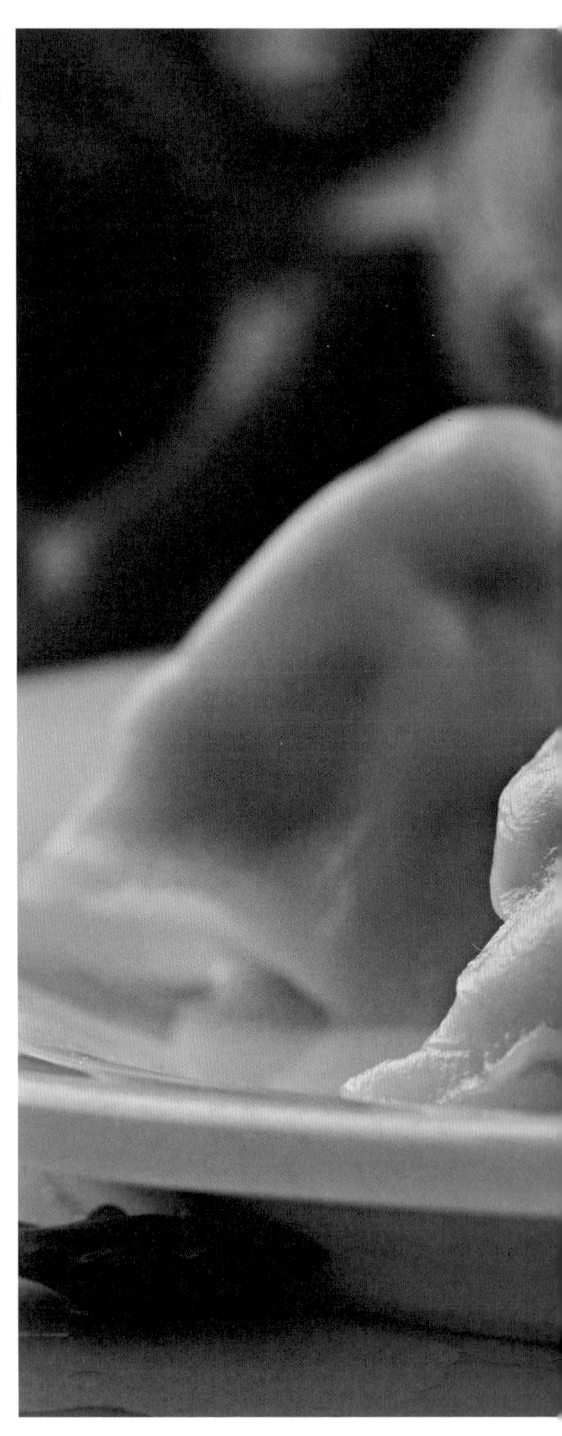

东北酸菜饺子

东北地区，纬度较高，虽然有着肥沃的黑土，但到了冬天，较低的温度让蔬菜无法在自然环境下生长。于是，人们将新鲜的白菜发酵为酸菜，既方便保存，又能为人们提供充足的维生素和微量元素。而东北人将酸菜和肥瘦适中的猪肉调成馅儿，再用软硬适中的白面擀面制面皮，做成了好吃不腻的酸菜饺子。

酸菜饺子，日常却不寒酸，它的一抹酸香成为游子们远在天涯对家的挂念。

山东花馍

步步高花馍

山东花馍

以花馍传递喜悦之事的习俗在我国东部的山东省同样存在。山东人过年有蒸各种各样花馍的习俗，为接下来的一年讨个好彩头。

山东的“步步高”也是一种发面蒸制的花馍。制作较好的花馍形象生动，宛若一朵朵即将盛放的花朵。在花馍上还嵌有红枣，红枣让花馍的造型更加漂亮，口味相较而言更为丰富多彩。

将花馍层层叠叠堆好，就变成了“步步高”。步步高不仅运用在婚礼上，只要当地人遇到喜事，都会做这样一座开着鲜花和红枣的面食“高塔”，这其中有着步步高升的美好寓意，也能够见证自己与人们分享的喜悦。

衢州麻饼

东部面食的继续南迁，便有了浙江衢州的麻饼。浙西衢州，立钱塘江源头，扼浙、闽、赣、皖四省交界之处，是一座有着一千多年历史的文化名城。

“胡麻饼样学京都，面脆油香新出炉。寄与饥馋杨大使，尝看得似辅兴无。”这是唐代著名诗人白居易寓居衢州所作的诗咏。白居易笔下的“胡麻饼”就是现在的衢州麻饼。它的馅料由芝麻制成，馅料非常浓厚甜黏。

麻饼，看起来简简单单，制作过程却很是繁杂。从面团的揉制到馅料的搅拌，从面饼的上麻到碳烤烘焙……每一步都藏着门道，唯有每一步都用心，做出来的麻饼才松软、酥脆、入口、入心。

同样值得一提的是，衢州麻饼“上麻”程序堪称一绝，不需要人动手摆放，竹筛里的数十只麻饼忽而排列整齐、忽而腾身而起，银光飞舞之间，芝麻便自动附着在了麻饼之上，而且这样饼面打麻很是均匀，麻粒也不重叠动作。

正是因为这独特的口味、深重的底蕴和奇巧的制作方式，麻饼得以享有中华老字号、浙江非物质文化遗产等殊荣。

衢州麻饼

镇江街头

镇江跳面

跳面起源于镇江。

旧时，镇江的码头充斥着来来往往的人，人们不会浪费彼此的时间，也寻求着能够最快填饱饥肠的食物，面条是最好的选择。

为了省时间，迅速将面团制作成面条，人们发明了竹子制作的压面机，利用杠杆原理压扁面条。

跳面制作

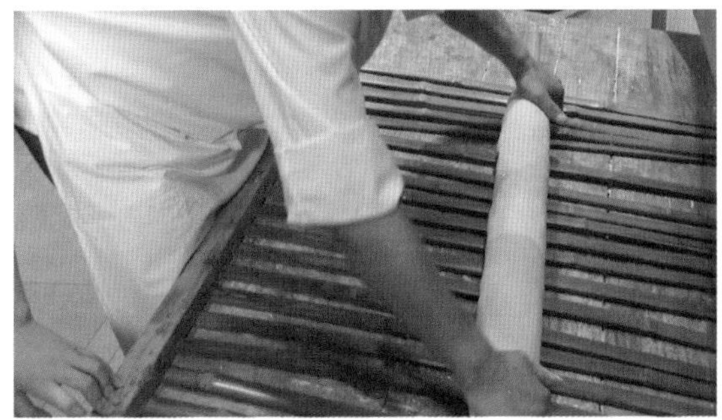

制作好的跳面

只要在竹竿上跳 3000 多次，20 分钟内就能将面团压好。

跳面中用于擀面的设备设计得也非常巧妙。擀面的工具利用了压力与压强原理，将面团挤压成薄薄的面皮，再配合一把锋利的刀将面皮切成面条，如此制成的面条软硬适中、充满韧劲。

热腾腾的奥灶面

说着吴侬软语的苏州人，每日清晨，总要来一碗热腾腾的面条开始一天的生活。

苏州昆山的奥灶面可谓大名鼎鼎。传说是有一绣娘经营的一家面店遭人嫉妒，被蔑称为“鏖糟面”，即为肮脏的意思。谁知这个怪称反倒使它的名声不胫而走，后来便以“鏖糟”的谐音“奥灶”为其命名。

扬名江南的奥灶面，胜就胜在汤头上，汤头用鱼头、鱼鳞、蹄髈、鸡架、大骨、鳝骨等熬成，味道鲜美异常。浇头多是自己选择的家常味道，叫座率最高的有爆鱼、卤鸭、焖肉、爆鳝、虾仁等。细面在汤中舒展了身躯，配合各自口味的浇头，这一餐下来，带给人的是一种休闲的惬意。

奥灶面浇头的选材，也往往与季节相关，如以鸭肉制作的浇头，最佳食用时间是夏季。这是因为此时的鸭子肥瘦均匀，而鸭肉可以消除夏日的暑气。爆鱼面则适合秋季食用。青鱼游于水中，是人们抵御冬季寒冷绝佳的进补材料。

每天早上，人们用一碗奥灶面叫醒自己，也叫醒了认真生活的信心。

广东竹升面

竹升面是广州、佛山地区深受人们喜爱的传统面食。来上一碗竹升面，是广州人大快朵颐的享受。

旧日里，制作竹升面的过程中需要用大毛竹杠反复压面，而在粤语里，“竿”和“降”同音，广东人嫌“竿”字发音不吉利而改称“升”，这样，竹杠面变成了竹升面。

搓面、和面，用竹升（大茅竹竿）压打出来的一根根面条柔韧又劲道，将面放入滚水中煮过后，将面

云吞面

捞出过凉水，又再放入滚水中焯一下，这样的面才足够爽弹，再配上猪骨等熬制的汤头，一碗浓郁鲜美的竹升面就做好了。

当然，竹升面和云吞组合成的“云吞面”才是最正宗的吃法。云吞的皮也是用毛竹压出来，包上鲜美无比的鲜虾子、猪肉泥，就成了云吞，弹牙的竹升面、白白透透的云吞，这独具特色的云吞面不仅填饱了肚子，还温暖了身心。

如今，压面机代替了毛竹压面，只是少了毛竹那嘎吱嘎吱的压面的蹦跳声，多多少少少了些竹升面独特的味道。

面

面中自有意无数

面食不止是一种主食，古往今来，它也承载着不少人们赋予它的意义与品性，承担了非食物的精神功能。我们日常一饮一啜之间，有着超出食物的不同寓意。而对于各种面食来说，对口感和味道的追求远不是这些食物的全部意义，它们还承载着人们更高的精神追求。

从小麦的播种到收割，面中有意，面中有情。而这些情意之间，又有什么独特的文化现象？小麦又承担了怎样的文化意向？小麦所制作的面食又如何从精神上到物质上一同温暖世人呢？

廉洁的麦子

古人用“麦饭蔬食”和“麦饭豆羹”用来形容生活的艰苦朴素。东汉逸民井丹就曾经以“麦饭葱叶之食……何其薄乎”为由拒绝进食麦饭，认为对方招待他用麦饭过于简陋。

也因为这个原因，如果有官员食用麦子，会被人们认为他有廉洁的特质。毕竟，曾经的麦食是如此便宜，如果以这种贫寒食物作为主食，想必生活也是简朴的，这样的官员，自然不会是贪污钱财的贪官，而更可能是廉洁的官吏。

南朝齐的辅国将军、齐郡太守刘怀慰因为吃麦饭不吃新米，被人们认为是廉吏。南朝梁文学家任昉带着家人吃麦子，同样被认为是廉洁的象征。

象征廉洁的麦子

天地鍾秀

朱熹和麦饭

南宋著名文学家朱熹的一生命运多舛，经历过多次悲欢离合，他特别能体会到生活的不易，因此生活十分俭朴恬淡，时时以人民温饱为念，深刻洞察下层人民的疾苦。

相传，有一次朱熹去女儿家看望女儿，女儿家中贫寒，用麦饭和一碗香葱汤招待他。看着这简单得不能再简单的饭菜，女儿难过又愧疚。朱熹看出了女儿的难堪，他告诉女儿，俭朴度日是一个家庭的好家风，饭菜简单点就好，“一箪食，一瓢饮”足矣。

随后，他还题诗一首：“葱汤麦饭两相宜，葱补丹田麦疗饥。莫道此中滋味薄，前村还有未炊时。”大意是：有葱汤和麦饭就不错了，葱能补丹田之气，麦饭可充饥，莫嫌这两样东西粗淡没有滋味，要知道，说不定前面村子里还有缺衣少食的人家呀。

女儿和女婿对朱熹的俭朴之风与仁爱之心大为感动，便将此诗作为家训，悬挂于书房，垂训后人。可见麦饭，确实是简朴之食。

朱熹故乡福建五夫镇

小麦与小满

小满节气中的“三候，麦秋至”便是说的小麦。因此虽然小满节气还处在夏天，但伴随着小麦的成熟，“麦秋”也就到了。小满本意便是麦粒即将饱满。在小满时节，收获即将来临，一切都差一步到达鼎盛，这正是我国人民喜闻乐见的最佳状态。

在我国文化中，事物发展到最旺盛的阶段，未必是件好事。因为物极而衰，全盛阶段后便要迎来衰败乃至死亡。而小满，代表着即将走向鼎盛，往前一步更为灿烂辉煌，因此小满也是我国人民最为钟爱的一种状态。

小满时节的麦粒

寓意美好的花馍

在陕西，当一个孩子呱呱坠地后，忙碌起来的不止有家人，还有附近制作花馍的师傅们。

花馍是蒸制的面点，用发好的面制作出不同造型、五颜六色的花馍，考验着花馍师傅的手艺。一般情况下，婴儿出生时会做鱼馍和羊馍，寓意着多福与吉祥。

当产妇的娘家人来看望外孙时，孩子的外婆会亲自给外孙制作一个“圈圈馍”。圈圈馍寓意着大家一起努力，将孩子保护在圈圈内。圈圈馍周边，放置着不少吉祥寓意的花馍，象征着一家人的亲情如同圆圈一般，一圈一圈传递了下去。

温州永嘉长寿面

讨吉利的长寿面

孩子的出生伴随着花馍的制作，那么此后孩子每年的生日上，又会与小麦有什么交集？在我们国家不少地区，生日都有吃长寿面的传统。各地所做寿面各有不同，但也有着几点共同点。

第一，长寿面往往要比较“长”。在山西地区，人们会给寿星制作一种一碗只有一根面条的寿面。这种寿面讲究一口气吃完，象征寿命如同

面条般绵长不绝。

而福建地区则会制作长长的龙须面，龙须面在工具的帮助下被拉得很长，同样寓意着绵长的生命与无忧的岁月。

第二，长寿面往往少不了鸡蛋。这或许与鸡蛋象征"初生"有一定的关系。一些地区所作寿面中一定要放荷包蛋。

还有一些地区的寿面制作时要将足量鸡蛋掺入面粉中，这样制作的面条不但劲道香醇，也表达了人们对寿星"年年生日胜新生"的美好祝愿。

寿

带着祝福的饺子与寿桃

写着寿字的寿桃

生日里如果不吃寿面，也可以吃饺子。饺子是一种受人欢迎的食物，在山东西部、河南东部地区，生日里吃饺子寓意寿星迎来新一岁的祝福。有些地方要专门用冷水让饺子在锅中滚三滚，据说这样滚过的饺子可以破除邪祟，让寿星在新的一岁里继续吉祥如意。

如果寿星年龄大了，还有面制的寿桃。在民间，桃树是可以趋吉避凶的吉祥树木，桃花象征着天地间勃勃的生机，桃子则有延年益寿的内涵。传说中王母曾于瑶池举办蟠桃会，与各路神仙共享蟠桃园中种植的仙桃，民间也因此认为桃子有着增寿的意味。在老人做寿时，会摆上面制的寿桃。有的寿桃为纯面，有的则包含红糖、豆沙等赤色馅料。将面团制成惟妙惟肖又憨态可掬的桃子模样，用红曲米为之上色，一颗娇艳欲滴的漂亮寿桃便做好了。寿桃以漂亮的外形和吉祥的寓意，为寿宴增色了不少。

枣花馒头

时令面食

我国是一个农业国家，光阴如箭，岁月如梭，人们在努力劳动，更在尽心生活。

在时光的磨洗中，我国人民在岁月的流逝中产生了独具特色的习俗，也制作出各种各样的食物。面食长期作为人们的主食，自然也有着自己的一番独特天地。

而逢年过节，特定的年节面点在人群中传播，这些包含时令性与设计感的礼物，让人与人之间有了独特的爱意与纽带。逢年过节和吉祥喜事时，人们都会走亲访友并以面食点心相互馈赠，这在不同地区又有不同风俗，而在节日及喜事中许多习俗必有吉祥语相伴，这也直接表达了人们对吉利的追求和希望。随着季节的更替，面食中的文化也与这些面食结合，成为我国文化中不可或缺的一环。

形态精美的年节面点

扎捆的龙须面

二月二的龙须面

农历的二月二，又称“龙抬头”。

龙是我国人民想象创造的神奇生物，它代表着积极奋进的品质与昂首向上的态度。农历二月二，万物刚刚从冬日的沉寂中开始展露身姿，缓缓醒来。醒来后，新的一年才真正开始，一切的复苏都是为了新的征途与收成。

这一天，人们会吃象征龙须的龙须面，象征龙鳞的烙饼，还有一些其他的面食。

“龙抬头”这天，一切似乎都可以焕然一新。人们的食物也似乎都与龙相关，祈盼龙这位为守护华夏而来的守护神，能继续守护这片土地直到永远。

用面食咬春

春饼，是北方春天的味道。烙好的春饼，包上时蔬，绿的白的，春色如画也入饼，一口尝尽。春饼是一种烫面薄饼，主要用来卷菜吃，春天的时令蔬菜凸显了盎然春意，轻薄的春饼包裹着春菜，包含春天的气息，告诉身体春天已经来了，需要咬住春天的步伐。

春分时的“面燕子”则别具特色，人们用蒸面燕的方式来表达对春天的喜爱。面燕出锅后，人们都会用红线将其穿起来系在秸秆上，缀上红布条挂在家中，象征着一群燕子上门报春并在家里落户，期盼新的一年风调雨顺、五谷丰登，也希望自己家在新的一年能幸福安康。

总之，这些春天的面点，带着时令的特色与春天的期盼，为人们传递希望与爱。

包裹着菜的春饼

夏季吃面

在炎热的夏日，历经了千辛万苦，麦子终于收获完成了。阖家老小，尝尝新的麦子制作的面条，也能趁这个机会好好休息几日。

北方不少地方有“夏至吃面”“三伏吃面”的传统，据说这和夏日收割麦子有一定的关系。吃面，一则尝尝当年的新麦，体会收获的乐趣。二则以热汤面补充麦收时流失的体能和汗水。

汤面的热气打开每一个毛孔，在夏日炎炎中，

炎炎夏日中的汤面

让人汗流浃背的同时也倍感爽快。因此，夏日吃面的习俗渐渐流传了下来，并演变出了我们知道的不同版本。

除了热汤面，也有人选择夏至吃一碗凉面，体会不同季节带给人的不同感受。

麦收的事情彻底完成了，人们在收割后的土地上，开始了新的耕种与忙碌。就这样一年又一年，用汗水浇灌，用辛勤培育，只待收获时那份平和与安心。

秋日里的七夕巧果

时间继续流转，小麦与面粉继续与时间纠缠。在与人们共同安静度日的同时，也为这片土地上的人们带来了不少美食。

收割完夏季的小麦，面粉被灵巧的主妇渐渐积累了下来。夏季暑气开始下降趋势，夜晚也渐渐开始清凉如水。

农历七月七日，乞巧节来了。年轻的女子与妇人祈求心灵手巧，自然也少不得以面粉制作的巧果。这些祭拜织女的巧果，不但味道奇巧，更有精巧美丽的形状。女子们在炽热的季节里把巧果放在供桌上，也将对生活的幸福期盼放在了心上。

中秋的月饼

中秋节是我国传统的节日。在这一天，我们往往会吃圆圆的月饼，以期待与亲人团圆。

中秋是团圆的日子，也是收获的日子。先民用秋日收获的粮食和水果制作月饼，祭拜月神，随后与家人共同分享那份面点的甜蜜。

月饼

月饼由面粉包裹馅料烤制而成。月饼中的馅料，最初由各类果品组成。如今，月饼制作的技术日益发展，月饼的馅料也越来越多。我们或许不再为农业丰收而祭拜神明，但一脉相传下的甜蜜与团聚却依然在中秋节被人反复体会。

冬至的饺子

冬至，在我国古代是一个非常重要的节气，人们对待这一天像过年一样郑重。

冬日漫长，寒冷难熬，在冬至之后，白昼开始变长，人们也从心底生出希望。所以古人说：冬至大如年。

宋元以来，我国民间有在这一天吃馄饨的习俗，民谚也有“冬至馄饨夏至面”之说。

按照当时的习俗，冬至时大家吃的馄饨，其实非常接近现在的水饺，时至今日，人们把包饺子的习俗沿袭了下来。

饺子的形状很像耳朵，民间习俗认为冬至日吃了饺子就不会被冻掉耳朵，而且饺子这种有营养的食物能为劳作的人们补充热量，利于农事收获。

冬至的饺子

炸好的馓子

寒具与馓子

寒具，不是一种工具，而是一种面食。因冬春季节可贮存几个月，到寒食禁烟时可以当干粮用，所以名叫寒具。

寒具源于寒食节。寒食节本是因农历三月乃火灾最多的时候，为防火灾，寒食禁火。但民间对寒食禁火，则多是纪念介子推。介子推隐姓埋名于山林，晋文公为逼介子推出山，放火烧山，介子推被烧死。晋文公感到悲哀，于是下令那几天不得烧火。

中国人大多吃熟食，也就是食物大都要经过或炒或炸或蒸或煮之后才能食用，但是不能烧火，那该吃什么呢？什么东西既可以储存住又能管饱呢？于是这种美食诞生了，那就是火遍大江南北的馓子。

馓子亦被称为“环饼”，用面粉、糯米粉加盐或蜜、糖，搓成细条，放油盆里炸，炸出的形状各样，或为麻花，或呈现蝴蝶状。

炸馓子是个复杂的工作，人们首先把面和好，搓成条，放到油盆里，将油盆里的粗条绕到一个特制的工具上，要绕得很细，一层一圈，不断缠绕。然后开始开大火烧油，将面线从工具上取下来，放到锅里，锅里便立即冒起白花花的油，不断冒泡、翻滚。馓子的颜色变成白色，接着变成浅黄，淡黄，等两三分钟后，馓子便炸得金黄了。

馓子在古代是在寒食节食用的，现在已经成为各地的小吃。而如今，更多的人在春节期间以馓子招待客人，共同度过寒冷的冬天。

面

面食文化与世界

面食的原料小麦，最初从位于中国西边的中亚传入我国。从此，小麦开始与华夏文明联系密切，我们也由此有了不同风味的面食。

但全球不止我国一处以小麦为食，世界上许多不同的国家和地区，有着不同特色的面食。而文化在全球间的交流，也让饮食实现了跨文化的流动。

世界上其他国家的面食如何与我国面食发生碰撞，而我国的面食又为他国人民带来了怎样的文化与体验？如今在世界范围内，与我国文明息息相关的小麦是如何在世界各地传播的？这些传播的过程又产生了怎样的火花？

意大利面

没有什么比意大利面更能代表意大利食物了，意大利面是意大利食品史上不可或缺的一部分。

传说马可·波罗在中国游览一番后，从中国带回了面条的制作方法，但实际上，马可·波罗带回去的很可能是东南亚一带米粉的制作方法，和中国面条没有直接联系。意大利面产生于12—13世纪，要知道，马可·波罗从中国回到意大利已经是13世纪末。据

推测，意大利面的做法应该来自中东波斯地区。

吃过意大利面的都知道，意大利面和我们中国的面条的口感很不一样，这是因为意大利面的原料是一种硬粒小麦，是野生小麦和野生山羊草杂交的后代。相比普通小麦，硬粒小麦的乳胶质地坚硬，籽粒蛋白质含量高，面筋含量也较高，所以意大利面和我们中国的面条口感和不一样。

口感独具特色的意大利面

日式拉面

千年之间，有无数炎黄子孙，因为各式各样的原因远渡重洋，在异国他乡打拼的同时，也将中国独特的味道带到了他乡的土地，这其中，自然也包括我国独特的面食。

日本的中华料理，历史上由来已久，早在9世纪初，日本本土便出现了遣唐使所使用的中餐菜单。现在，“中华料理”已然成为日本菜中的一个重要流派。但中华料理中所包含的饮食习惯，被日本居民进行了良好的改造和利用。

这其中，最有名的便是拉面了。拉面起源于我国，面条口感柔韧与劲道共存。明代中国人朱舜水将拉面带入日本，就此拉开了日本拉面的序幕。

日本拉面不是用面团“拉”出来的面，而是加工好的生面条直接拿过来直接煮熟制成的。日本的拉面加入了更多的碱水，面汤也由国内较清的面汤改为了味噌汤或骨汤，拉面中常伴有叉烧、紫菜等。

如今，拉面与日本人民的生活，已然无法分割。

日式饺子

日式饺子

饺子也是日本常见的“中华料理”面食。相传饺子也是由明代朱舜水带到日本的，但是日本人烹饪饺子的方式不是煮和蒸，他们更喜欢吃的是煎饺。

据说是由于在饺子刚刚从中国传到日本的时候，饺子里包的是羊肉，为了消除肉馅的膻味，日本人会在煎饺里放一些大蒜。如今日本饺子改成了猪肉馅，但放大蒜的习惯却一直保留了下来。

在日本，饺子常常是作为配菜食用的。因此，吃拉面可以配饺子，吃米饭可以配饺子，喝酒可以配饺子……饺子在日本有着超高的受欢迎程度。

印度炒面

19 世纪末，一批客家人来到印度工作生活。很快，印度本地便出现了印度中餐。印度中餐很快在印度饮食中取得了一席之地。在印度中餐里，有一种名为“印度炒面”的美食，它是由来到印度的侨民发明的。在辣椒酱、酱油，以及不少印度香料共同的作用下，印度炒面开始火遍大街小巷。

也有人将印度炒面称为马来炒面。印度炒面特别之处，在于它的调味料中，加入了番茄酱和辣椒酱，吃起来酸酸甜甜的，有点类似淋上番茄酱的意大利面。一般的印度炒面，食材选用马铃薯、炸豆干、豆芽、鸡蛋等，这些材料大多都是蔬菜，加入炒面，口感整体比较舒适。

印度炒面

外国春卷

外国中餐馆的春卷

春卷可能是外国中餐馆最受欢迎的小吃之一。

春卷皮薄酥脆、馅心香软、别具风味，对于外国人来说，这新奇的形状加上酥脆的口感，让他们“爱不释口”。

不少外国人吃春卷吃上了瘾，忍不住动手自己做起了春卷，只是春卷这道中华传统美食可不是想学就能学会的，光是春卷皮的制作就让他们伤透了脑筋。不过这也可以看出他们对春卷的喜爱。

一张春饼，卷着中国气息浓厚的文化，走向了世界，这是不同风味的交流与汇聚，也折射出世界各地的人们对不同文化的包容性变得越来越强。

面食与乡愁

曾经的人们一生停留在一片土地上，以这方水土养着自己的身心。随着时间发展，人们渐渐能脱离身边的土地，向着远方的地平线前进。一路上，无论是光荣还是落寞，最为思念的永远是家乡水土所滋养的风物与人情。即便走到了世界上不同的角落，一碗汤面、一只水饺、一张烙饼，依然让游子们魂牵梦绕。

游子们也以自己神奇的适应能力和手段，在异国他乡为人们带来不同的食物，也带来不同的文化故事。

如今，中华面食在世界各地开花，以最“落胃”的记忆抚慰着游子内心的缕缕乡愁。

承载家乡记忆的包子

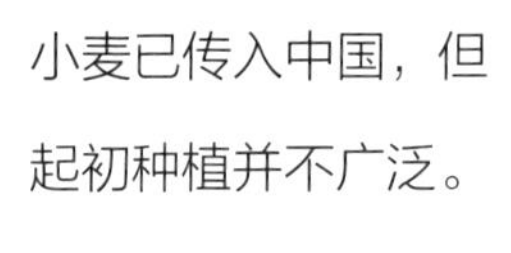

感谢石磨，麦由粒食变为“面食”，更添一种风味。

4000多年前

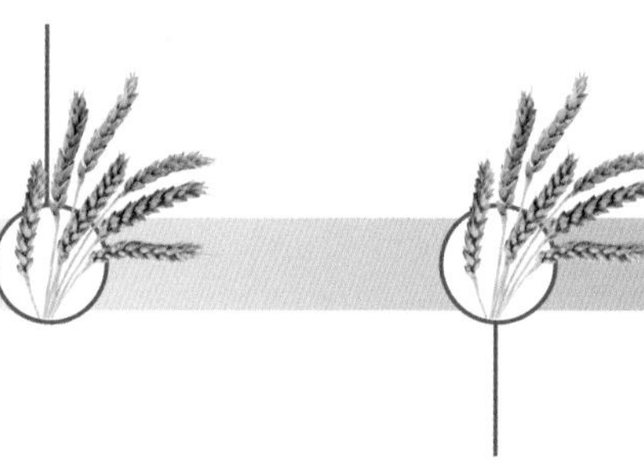

人们对小麦的食用方式主要是粒食。

当时人们像吃稻米一样食用小麦，称“麦饭”，因颗粒坚硬，口味较差，也不便消化，它在很长时间被视作“恶食”。

北方小麦生产消费已远超小米，面条在全国遍地开花。

宋代

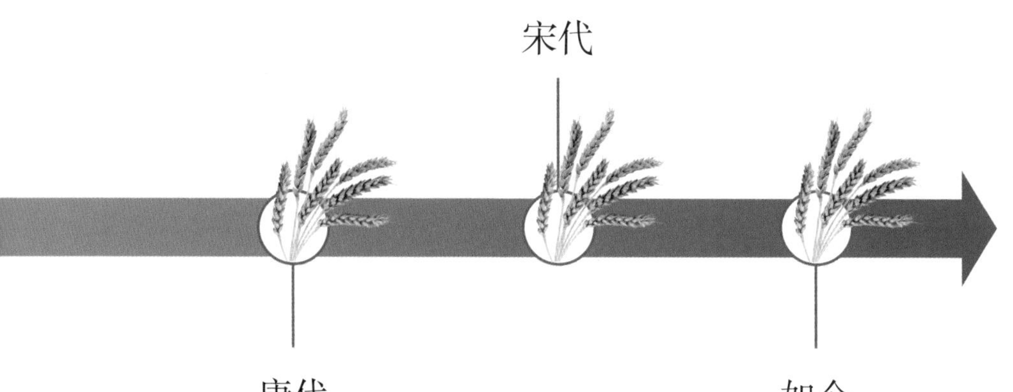

唐代

小麦取得了与粟并驾齐驱的地位。面食走进了寻常百姓家，成为日常食物。

如今

中国有上千种面食，每天吃一种，也够你吃上几年。

图书在版编目（CIP）数据

中国美食之源．面食大观／周莉芬主编．-- 北京：中国科学技术出版社，2023.7
ISBN 978-7-5236-0198-3

Ⅰ．①中… Ⅱ．①周… Ⅲ．①面食—普及读物 Ⅳ．①TS2-49

中国国家版本馆 CIP 数据核字 (2023) 第 077067 号